FORSCHUNGSBERICHTE DES LANDES NORDRHEIN-WESTFALEN

Herausgegeben durch das Kultusministerium

Nr. 929

Prof. Dr.-Ing. Herwart Opitz
Dr.-Ing. Henning Siebel
Dipl.-Ing. Reinhard Fleck
Dipl.-Ing. Franz Altdorf

Laboratorium für Werkzeugmaschinen und Betriebslehre
Technische Hochschule Aachen

Richtwerte für das Fräsen von unlegierten und legierten Baustählen mit Hartmetall

Teil III

Als Manuskript gedruckt

Springer Fachmedien Wiesbaden GmbH 1961

ISBN 978-3-663-20082-6   ISBN 978-3-663-20441-1 (eBook)
DOI 10.1007/978-3-663-20441-1

Gliederung

Einführung . . . . S. 5

1. Einleitung . . . . S. 5

2. Versuchswerkstoffe . . . . S. 6

3. Versuchsbedingungen . . . . S. 9
   3.1 Werkzeug und Schneidstoff . . . . S. 9
   3.2 Versuchsmaschine . . . . S. 13
   3.3 Versuchsbereich . . . . S. 13
   3.4 Meßgrößen und Meßverfahren . . . . S. 14

4. Werkzeugverschleiß beim Stirnfräsen mit Hartmetall . . . . S. 14
   4.1 Freiflächenverschleiß . . . . S. 17
   4.2 Verschleiß auf der Spanfläche . . . . S. 23
   4.3 Einfluß der Schneidengeometrie auf den Verschleiß . . . . S. 26
   4.4 Standzeitvergleich Drehen - Fräsen . . . . S. 31

5. Versuchsergebnisse . . . . S. 42
   5.1 Fräsversuche an Stahl 37 MnSi 5 . . . . S. 42
   5.2 Fräsversuche an Stahl 34 CrMo 4 . . . . S. 45
   5.3 Fräsversuche an Stahl 30 CrNiMo 8 . . . . S. 47
   5.4 Schnittkräfte . . . . S. 50

6. Wirtschaftlichkeit des Hartmetalleinsatzes beim Stirnfräsen . . . . . S. 54
   6.1 Kostengünstigste Schnittbedingungen . . . . S. 54
   6.2 Kostenvergleich Schnellarbeitsstahl - Hartmetall . . . . S. 58

7. Zusammenfassung . . . . S. 62

Literaturverzeichnis . . . . S. 64

Einführung

Dieser Bericht schließt an die Forschungsberichte Nr. 207 und 413 des Wirtschafts- und Verkehrsministeriums Nordrhein-Westfalen an und enthält die Ergebnisse von Fräsversuchen an den Vergütungsstählen 34 Cr Mo 4, 37 MnSi 5 und 30 CrNiMo 8 in Form von Standvolumenschaubildern, wie sie in gleicher Form für Stahl C 35 bereits im Forschungsbericht Nr. 207 und für die Stähle Ck 60 und 16 Mn Cr 5 im Forschungsbericht Nr. 413 wiedergegeben wurden. Darüber hinaus wird über Schnittkraftmessungen sowie über den Werkzeugverschleiß beim Stirnfräsen mit Hartmetall berichtet und die Wirtschaftlichkeit des Hartmetalleinsatzes beim Stirnfräsen nachgewiesen. Abschließend zeigt der Bericht, wie die Ergebnisse der Praxis in Form von Richtwertblättern zugänglich gemacht werden sollen.

1. Einleitung

Die Einführung des Hartmetalles brachte auf dem Gebiet des Drehens eine sprunghafte Steigerung der anwendbaren Schnittgeschwindigkeiten und ermöglichte so eine beträchtliche Verkürzung der Bearbeitungszeiten. Die Hartmetalle verbinden mit hoher Härte und Warmhärte eine große Verschleißfestigkeit, so daß hohe Schnittgeschwindigkeiten und damit große Zerspanleistungen möglich werden. Sie besitzen jedoch eine geringere Zähigkeit als die bisher verwendeten Schneidstoffe auf Eisenbasis, so daß ihr Einsatz im unterbrochenen Schnitt zunächst wenig erfolgreich blieb. Lediglich bei der Bearbeitung von Gußeisen im Fräsvorgang fanden Hartmetalle mehr und mehr Eingang.

Erst durch die Einführung negativer Spanwinkel wurde es möglich, Hartmetall-bestückte Werkzeuge auch beim Fräsen von Stahl einzusetzen. Durch den negativen Spanwinkel wird der Keilwinkel vergrößert und die Gefahr von Ausbrüchen, durch die die Werkzeuge meist frühzeitig erlagen, wesentlich herabgesetzt. Die kostenmäßige Betrachtung derartiger Bearbeitungsaufgaben hat gezeigt, daß gerade bei den teuren mehrschneidigen Hartmetallwerkzeugen solche unerwünschten Verschleißerscheinungen unbedingt vermieden werden müssen, da durch die hohen anteiligen Werkzeugkosten die Wirtschaftlichkeit des Hartmetalleinsatzes andernfalls in Frage gestellt wird. Erschwerend kommt hinzu, daß beim Bruch eines Messers meist die folgenden ebenfalls mehr oder weniger stark beschädigt werden, da sie die Arbeit des ausgefallenen Werkzeuges mit übernehmen müssen. Im ungünstigsten Fall kommt es zu Reihenbrüchen, durch die die gesamte

Bestückung eines Messerkopfes zu Bruch gehen kann. Hierdurch steigen die Werkzeugkosten auf ein Mehrfaches, da einmal die Zeiten für die Werkzeugaufbereitung länger werden, zum anderen die Anzahl der möglichen Nachschliffe stark abfällt. Es sind daher stets solche Arbeitsbedingungen anzustreben, die Werkzeugbruch und andere unerwünschte Verschleißerscheinungen ausschalten bzw. auf einen Kleinstwert reduzieren.

Aus dieser Erkenntnis heraus regte die VDI-Fachgruppe Betriebstechnik an, für das Fräsen mit Hartmetall ähnliche Richtwerte aufzustellen, wie sie für das Drehen bereits vorliegen. Mit Unterstützung des Ministeriums für Wirtschaft und Verkehr des Landes Nordrhein-Westfalen wurden die Versuche zur Aufstellung dieser Richtwertblätter im Laboratorium für Werkzeugmaschinen und Betriebslehre der Technischen Hochschule Aachen durchgeführt und zum Abschluß gebracht.

Für die Versuche wurden sechs unlegierte und legierte Baustähle mit Kohlenstoffgehalten zwischen 0,16 bis 0,6 % ausgewählt, die in der industriellen Fertigung am häufigsten verwendet werden. Um werkstoffbedingte Streuungen auszuschalten, wurden sämtliche Versuchswerkstücke eines Werkstoffes der gleichen Charge entnommen und gemeinsam wärmebehandelt. Die Wärmebehandlung der Versuchswerkstücke in den Abmessungen 500 x 300 x 100 mm^3 erfolgte dabei unter betriebsmäßigen Bedingungen im Gußstahlwerk Bochumer Verein AG. Die Tabellen 1 bis 3 geben einen Überblick über die chemische Zusammensetzung, Wärmebehandlung, Gefügeausbildung und die technologischen Eigenschaften der Versuchswerkstoffe.

Tabelle 1

Chemische Zusammensetzung der Versuchswerkstoffe

Werkstoff	% C	% Si	% Mn	% P	% S	% Cr	% Ni	% Mo	Bem.
C 35	.33	.31	.62	.029	.018	.03	-	-	siehe Bericht Nr.207
Ck 60	.59	.29	.67	.023	.023	.13	-	-	siehe Bericht Nr.413
16 MnCr 5	.14	.25	1.07	.021	.008	.97	-	-	-
34 Cr Mo 4	.33	.28	.55	.021	.035	1.07	-	.30	-
37 MnSi 5	.37	1.40	1.18	.028	.031	.11	-	-	-
30 CrNiMo 8	.32	.28	.47	.013	.010	2.14	1.93	.29	-

Tabelle 2

Wärmebehandlung und Gefügeausbildung der Versuchswerkstoffe

Werkstoff	Wärmebehandlung	Gefügeausbildung
C 35	870/880 °C 4h/Luft	ferritisch-lamellar-perlitisches Gefüge mit Zeilenstruktur
Ck 60	850/860 °C 4h/Luft	lamellarperlitisches Gefüge mit Korngrenzenferrit
16 MnCr 5	870/880 °C 4h/Luft	ferritisch-lamellarperlitisches Gefüge ungleichmäßiger Korngröße
34 CrMo 4	870/880 °C 4h/Luft → 660 °C 6h/Luft	gleichmäßiges ferritisch-lamellarperlitisches Gefüge
37 MnSi 5	870/880 °C 4h/Luft → 650 °C 6h/Luft	feinkörniges ferritisch-sorbitisches Gefüge
30 CrNiMo 8	880 °C 4h/Luft → 660 °C 12h/Luft	schwach körnig eingeformter Perlit

Tabelle 3

Technologische Eigenschaften der Versuchswerkstoffe

Werkstoff	HB [kg/mm^2]	σ_s [kg/mm^2]	σ_s [kg/mm^2]	$\delta 5$ [%]	ψ [%]	α_K [mkg/cm^2]
C 35	163	58	35,5	26,5	50,7	5,3 ... 6,2
Ck 60	225	83,2	45,1	17,0	31,0	2,5 ... 2,6
16 MnCr 5	170	53,2	34,8	32,7	74,7	19,2 ... 21,0
34 CrMo 4	210	67,6	41,6	21,5	47,4	4,9 ... 5,1
37 MnSi 5	207	72,6	48,6	24,9	54,8	4,2 ... 4,9
30 CrNiMo 8	265	76,6	48,3	21,9	53,6	5,6 ... 6,1

Das Gefüge der Versuchswerkstoffe zeigen die Abbildungen 1 bis 3.

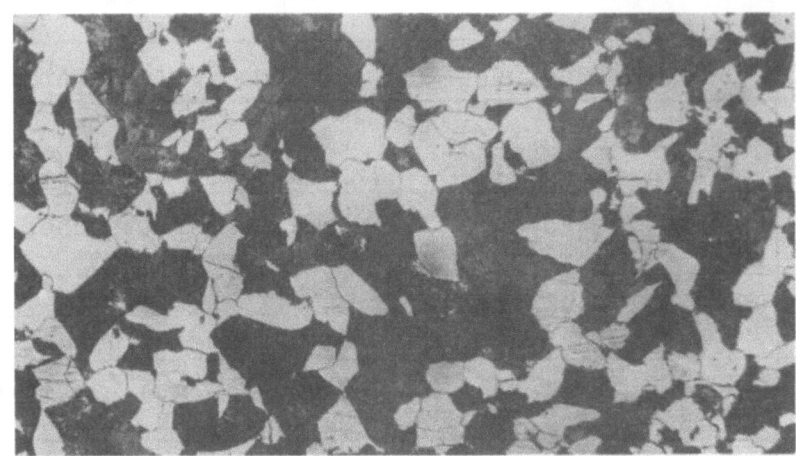

A b b i l d u n g   1
Gefüge des Stahles 34 CrMo 4, Ätzung: alk. HNO_3
Vergrößerung 200 : 1

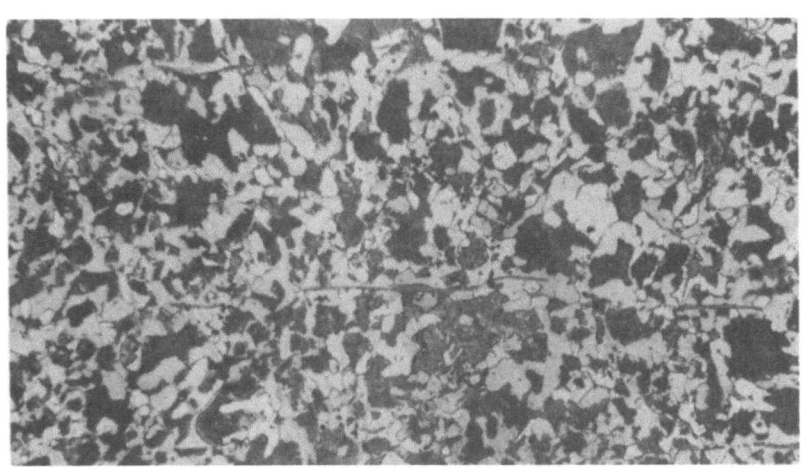

A b b i l d u n g   2
Gefüge des Stahles 37 MnSi 5, Ätzung: alk. HNO_3
Vergrößerung 200 : 1

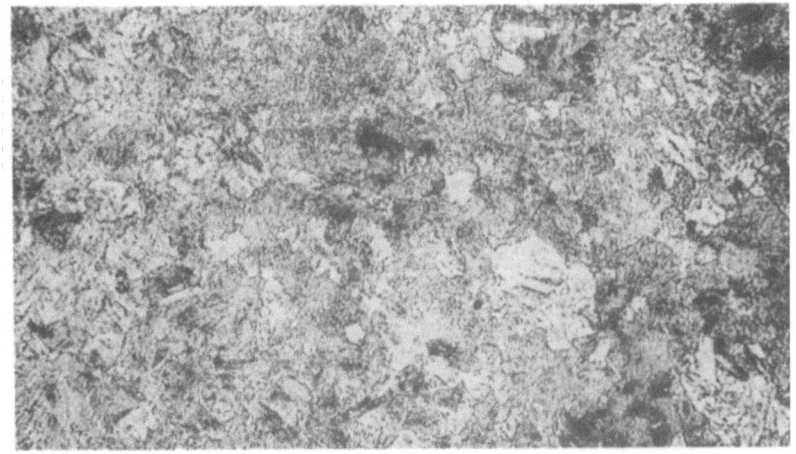

A b b i l d u n g   3
Gefüge des Stahles 30 CrNiMo 8, Ätzung: alk. HNO_3
Vergrößerung 300 : 1

3. Versuchsbedingungen

3.1 Versuchswerkzeuge und Schneidstoff

Als Versuchswerkzeuge wurden Messerköpfe mit 250 mm Schnittkreisdurchmesser verwendet. Dabei sind die Messer unter einem Rückenwinkel von $\gamma_b = +2°45'$ und einem Seitenwinkel von $\gamma_s = +5°$ im Messerkopf angeordnet. Bei einem Einstellwinkel von $\varkappa = 60°$, wie er bei allen Versuchen angewendet wurde, ergeben sich ein Spanwinkel von $\gamma = +5,7°$ und ein Neigungswinkel von $\lambda = -0,12°$. Um die Schneidspitze zu entlasten, wurde eine Facette von 1 mm Breite unter $45°$ angeschliffen. Der Einstellwinkel der Nebenschneide betrug $0,5°$, der Freiwinkel $\alpha = 6°$. Eine negative Spanwinkelfase mit der Breite von etwa 3 bis $5 \cdot s_z$ wurde bei allen Versuchen angeschliffen. Die Größe des negativen Spanwinkels wurde dabei in Stichversuchen bestimmt. Die Lage der Winkel läßt Abbildung 4 erkennen.

Alle Werkzeuge wurden nach dem Vorschleifen mit SiC-Scheiben mit einer federnden, metallgebundenen Diamantscheibe, Körnung 25μ, feingeschliffen, so daß eine gleichmäßige Aufbereitung und eine geringe Schartigkeit gesichert waren. Das Abschliffvolumen wurde dabei so groß gewählt, daß alle Verschleißerscheinungen aus früheren Versuchsreihen mit Sicherheit beseitigt wurden.

Als Schneidstoffe wurden Hartmetalle auf der Basis WC-TiC-TaC-Co verwendet, wie sie für die Stahlbearbeitung vorgeschlagen werden (Abb.5). Um auch von dieser Seite Streuungen weitgehend auszuschalten, wurde jede Hartmetallsorte einer Sinterung entnommen. Eingesetzt wurden Sorten der Zerspanungsanwendungsgruppen P 10, P 20 und P 30[1], wobei die Mehrzahl der Untersuchungen mit P 20 durchgeführt wurden. Die Hartmetallsorten dieser Gruppe verbinden eine gute Verschleißfestigkeit mit ausreichender Zähigkeit. Die verschleißfestere Sorte der Gruppe P 10 wurde wegen der geringeren Zähigkeit nur für Schlichtversuche eingesetzt. Hartmetalle der Zerspanungsanwendungsgruppe P 25, die von den Herstellerfirmen für das Fräsen empfohlen werden, waren beim Beginn der Versuche noch nicht auf dem Markt.

---

1. Mit Einführung der ISO-Normen haben die deutschen Hartmetallhersteller ihre Sorten den Zerspanungsanwendungsgruppen zugeordnet. Die Zerspanungsanwendungsgruppen treten somit an die Stelle der in den bisherigen Berichten verwendeten neutralen Kennzeichnung mit L. So ist z.B. eine bisher mit L 2 gekennzeichnete Sorte in die Zerspanungsanwendungsgruppe P 20 einzuordnen

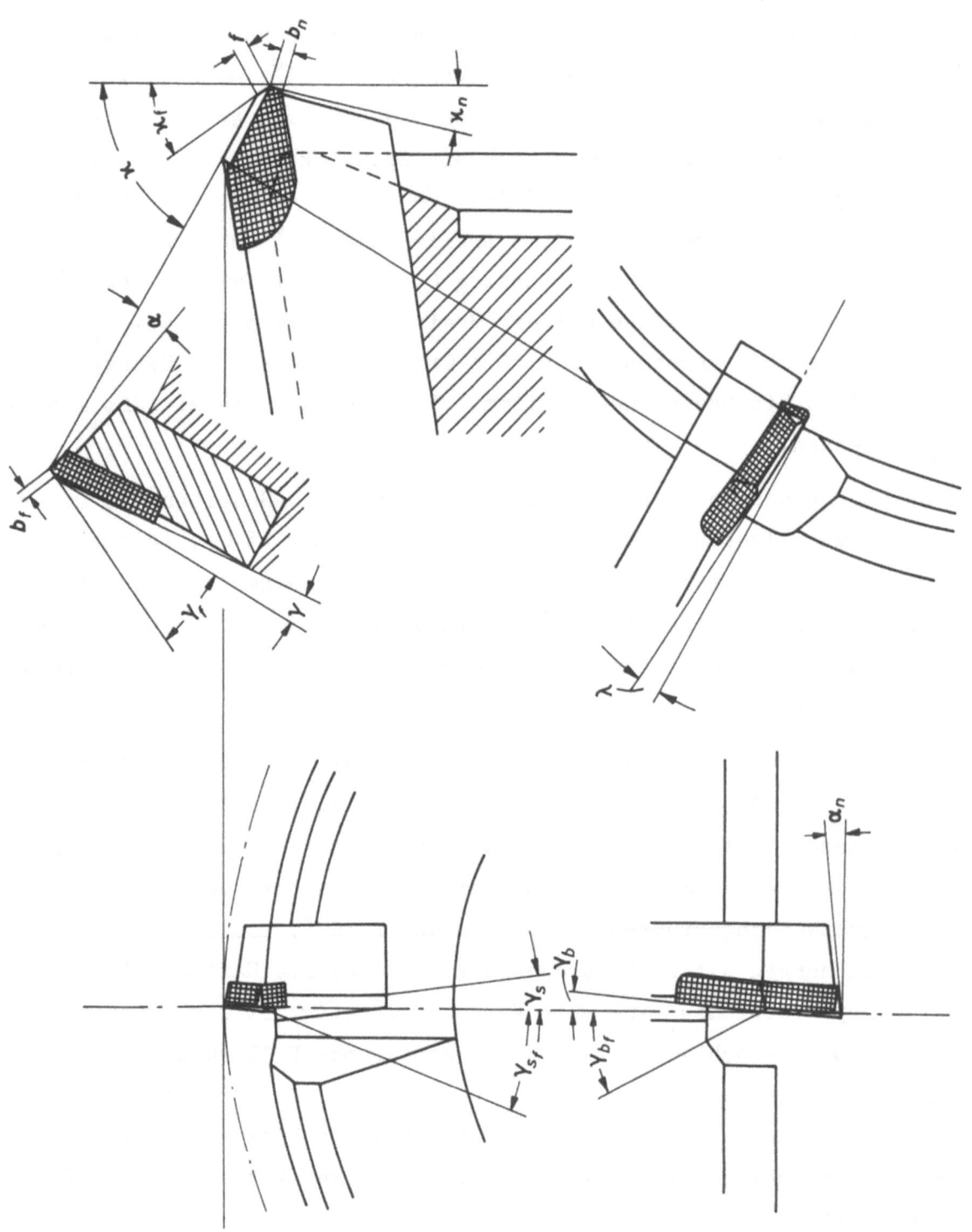

Seite 10

A b b i l d u n g 4
Kennzeichnende Größen eines Fräsmessers

b_f	=	Breite der Spanflächenfase
b_n	=	Breite der Nebenschneide
f	=	Breite der Facette
α	=	Freiwinkel an der Hauptschneide und an der Facette
α_n	=	Freiwinkel an der Nebenschneide
γ	=	Spanwinkel (positiv bei voreilender Schneidecke)
γ_b	=	Rückenwinkel (axialer Spanwinkel)
γ_s	=	Seitenwinkel (radialer Spanwinkel)
γ_{bf}	=	Rückenwinkel der Spanflächenfase
γ_{sf}	=	Seitenwinkel der Spanflächenfase
γ_f	=	Spanwinkel der Spanflächenfase
$\varkappa$	=	Einstellwinkel der Hauptschneide
$\varkappa_n$	=	Einstellwinkel der Nebenschneide
$\varkappa_f$	=	Einstellwinkel der Facette
λ	=	Neigungswinkel

Zerspanungs-Hauptgruppe	Bezeich-nung	Zerspanungs-Anwendungsgruppen		zunehmende Verschleißfestigkeit des Hartmetalles ← zunehmende Schnittgeschwindigkeit / zunehmende Zähigkeit des Hartmetalles → zunehmende Vorschübe
		Werkstoffe	Arbeitsverfahren und Arbeitsbedingungen	
P Stahl Stahlguß lang-spanender Temperguß	P01	Stahl Stahlguß	Feindrehen und Feinbohren hohe Schnittgeschwindigkeiten kleine Vorschübe hohe Maßgenauigkeit und Oberflächengüte schwingungsfreies Arbeiten	
	P10	Stahl Stahlguß	Drehen, Kopierdrehen, Gewindeherstellung, auch Fräsen hohe Schnittgeschwindigkeiten kleine bis mittlere Vorschübe	
	P20	Stahl Stahlguß langspanender Temperguß	Drehen, Kopieren, Fräsen mittlere Schnittgeschwindigkeiten mittlere Vorschübe Hobeln bei kleinen Vorschüben	
	P30	Stahl Stahlguß langspanender Temperguß	Drehen, Hobeln, Fräsen mittlere bis niedrige Schnittgeschwindigkeiten mittlere bis große Vorschübe auch unter weniger günstigen Arbeitsbedingungen	
	P40	Stahl Stahlguß mit Sandeinschlüssen und Lunkern	Drehen, Hobeln, Stoßen, z.T. Automatenarbeiten niedrige Schnittgeschwindigkeiten, große Vorschübe große Spanwinkel möglich unter ungünstigen Arbeitsbedingungen	
	P50	Stahl Stahlguß mittlerer oder niedriger Festigkeit auch mit Sandeinschlüssen und Lunkern	Drehen, Hobeln, Stoßen Automatenarbeiten niedrige Schnittgeschwindigkeiten große Vorschübe große Spanwinkel möglich unter ungünstigen Arbeitsbedingungen bei höchsten Anforderungen an die Zähigkeit des Hartmetalls	

A b b i l d u n g 5

Auszug aus DIN 4990

3.2 Versuchsmaschine

Die Versuche mit Hartmetallwerkzeugen wurden auf Horizontalfräsmaschinen Heller Typ FH 120 und FH 120-2 durchgeführt.

Drehzahlbereich: n = 30 bis 1500 U/min bzw. 45 bis 1400 U/min

Stufensprung: φ = 1,26

Vorschubbereich: s' = 20 bis 1000 mm/min bzw. 20 bis 1250 mm/min, stufenlos einstellbar durch Hydraulikmotor

Antriebsleistung des Hauptantriebs: N = 26 kW

Der Antrieb der Frässpindel erfolgt im Bereich niedriger Drehzahlen (n = 30 bis 190 U/min bzw. 45 bis 280 U/min) vom Schaltgetriebe über ein Rädervorgelege, im Bereich hoher Drehzahlen (n = 235 bzw. 224 U/min) über Keilriemen. Der Vorschub wird vom Hydraulikmotor über Spindel und Mutter eingeleitet.

3.3 Versuchsbereich

Der untersuchte Schnittgeschwindigkeits- und Vorschubbereich umfaßt den gesamten technisch sinnvollen Bereich der Schlicht- und Schruppbedingungen.

Der mögliche Schnittgeschwindigkeitsbereich wird nach unten durch die Forderung nach Fließspanbildung, nach oben durch die Forderung nach ausreichenden Standzeiten begrenzt. Er ist abhängig von der Schneidstoff-Werkstoff-Paarung und lag zwischen 60 und 300 m/min.

Die Vorschübe wurden entsprechend dem Einsatz der Hartmetallsorten in der Praxis gewählt und folgende Vorschubbereiche untersucht

P 10	0,1; 0,16	mm/Zahn
P 20	0,16; 0,25; 0,4	mm/Zahn
P 30	0,25; 0,4	mm/Zahn

Um eine gleichmäßige Ausbildung der Verschleißgrößen entlang der Hauptschneide zu erzielen, wurde die Spantiefe für die Schlichtversuche (Hartmetall der Zerspanungsanwendungsgruppe P 10) zu 1 mm, für die Schruppversuche (Hartmetalle der Zerspanungsanwendungsgruppen P 20 und P 30) zu 3 mm festgelegt.

3.4 Meßgrößen und Meßverfahren

Bei den Versuchen wurden sämtliche auftretenden Verschleißerscheinungen auf Frei- und Spanfläche erfaßt. Um bei den Versuchen mit vollbestückten Messerköpfen den Verschleiß des Werkzeuges im aufgespannten Zustand messen zu können, wurden neue Meßeinrichtungen entwickelt, die bereits im Bericht Nr. 207 ausführlich beschrieben wurden.

Bei den Einzahn-Fräsversuchen wurden die Messer zur Messung ausgespannt, da hierbei der Zeitaufwand geringer war. Der Verschleiß auf der Freifläche wurde mit einem Werkstattmikroskop (Vergrößerung 40 : 1, Ablesegenauigkeit 0,005 mm), der Verschleiß auf der Spanfläche mit dem Leitz-Forster-Gerät bei 25facher Seiten- und 200facher Höhenvergrößerung gemessen.

Je Versuchsreihe wurden mindestens fünf Messungen durchgeführt, meist war die Zahl der Meßpunkte jedoch wesentlich größer. Bei vollbestückten Messerköpfen wurde der Verschleiß aller Messer einzeln gemessen und die Streuung der Versuchswerte ermittelt. Im allgemeinen wurden zur Aufstellung der Verschleißkurven die arithmetischen Mittelwerte gebildet.

4. Der Werkzeugverschleiß beim Stirnfräsen mit Hartmetall

Beim Stirnfräsen handelt es sich ebenso wie beim Drehen um ein Bearbeitungsverfahren mit freiem Spanablauf, wobei der Spanquerschnitt durch die Einstellgrößen an der Maschine (Spanungstiefe a, Vorschub s) sowie durch die Schneidengeometrie (Einstellwinkel $\varkappa$) und beim Fräsen zusätzlich durch die Schnittverhältnisse bestimmt ist. Die beim Fräsen überwiegend angewendeten Spanquerschnitte liegen dabei in der gleichen Größenordnung wie beim Drehen im Bereich mittlerer Schnitte, die in der industriellen Fertigung den Hauptanteil der Bearbeitung ausmachen. Neuere Untersuchungen über den Werkzeugverschleiß beim Drehen erstreckten sich daher auch bevorzugt auf diesen Bereich, wobei zur Ausschaltung weiterer unkontrollierbarer Einflüsse die Untersuchungen beim Langdrehen glatter Werkstücke durchgeführt wurden. Ein wesentlicher Unterschied zwischen dem Langdrehen und dem Stirnfräsen besteht jedoch darin, daß das Drehwerkzeug ununterbrochen im Schnitt steht, während das Fräswerkzeug im unterbrochenen Schnitt arbeitet, wobei sich, bedingt durch die Schnittverhältnisse, der Spanquerschnitt zusätzlich laufend verändert. Diese verfahrensbedingten Unterschiede bewirken, daß es nicht ohne weiteres möglich ist, alle vom Drehen her bekannten Gesetzmäßigkeiten auf das Fräsen zu übertragen. Abweichungen sind dabei vor allen Dingen für den Verschleiß auf der Spanfläche zu erwarten, da sich die Spandicke als wesentliche Bestimmungsgröße für die Ausbildung des Verschleißes auf der Spanfläche kontinuierlich verändert.

Betrachtet man die Verschleißerscheinungen an einem Hartmetall-bestückten Fräswerkzeug (Abb.6), so ist zu erkennen, daß sich der Verschleiß aufgrund des gewählten Verhältnisses a : s entlang der Hauptschneide gleichmäßig ausbildet.

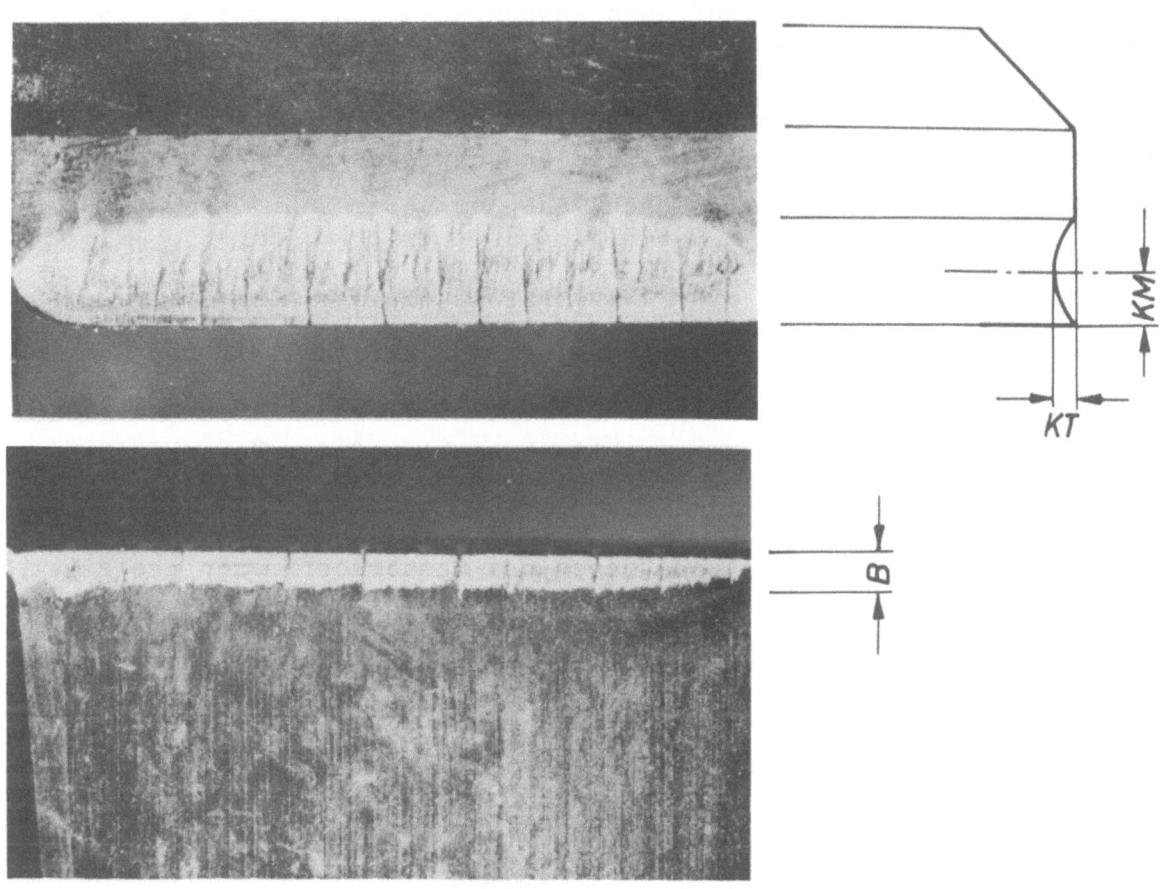

Abbildung 6

Verschleißgrößen am Fräsmesser
B = Verschleißmarkenbreite;
KT = Kolktiefe;
KM = Kolkmittenabstand;

Auf der Freifläche entsteht eine Verschleißmarke konstanter Breite, während sich auf der Spanfläche eine Kontaktzone ausbildet. Die Verschleißform auf der Spanfläche ist dabei außer von der Werkstoff-Schneidstoff-Paarung stark von den Schnittbedingungen abhängig. Im vorliegenden Falle hat sich ein Kolk ausgebildet, der abgesehen vom Kolkauslauf an der Nebenschneide bzw. zum Schaft hin gleichmäßig ist. Neben diesen bereits vom Drehen her bekannten Verschleißerscheinungen sind auf Frei- und Spanfläche deutlich Risse zu erkennen, die senkrecht zur Schneidkante verlaufen und über die Verschleißmarkenbreite bzw. die Kontaktzone hinausreichen. Diese beim Fräsen auftretenden Risse werden als Kammrisse bezeichnet.

Beim Stirnfräsen wird üblicherweise mit einem mehrschneidigen Werkzeug gearbeitet. Dabei hat jede Schneide eines Messerkopfes die gleiche Zerspanungsarbeit zu leisten. Vielfach findet man die Ansicht vertreten, daß Ergebnisse, die beim Einzahnfräsen gewonnen wurden, nicht auf das Messerkopffräsen übertragen werden können, da andere dynamische Verhältnisse vorliegen und hierdurch das Verschleißwachstum beeinflußt wird. Maßgebend ist hierbei vor allem das Torsionsschwingungsverhalten der Frässpindel. PIEKENBRINK [1] wies nach, daß nur unter sehr ungünstigen Bedingungen der Verschleiß durch Torsionsschwingungen erhöht wird. Da die Torsionseigenfrequenz des Hauptantriebes sehr niedrig ist, ist selbst bei größeren Amplituden der Torsionsschwingung das Verhältnis von Schwinggeschwindigkeit zu Schnittgeschwindigkeit so klein, daß sich diese Schnittgeschwindigkeitsschwankung praktisch nicht auf das Verschleißwachstum auswirkt.

Vergleichsversuche zwischen Einzahnfräsen und Messerkopffräsen bestätigen diese Ergebnisse. In Abbildung 7 sind Meßpunkte aus Versuchsreihen beim Einzahnfräsen und beim Fräsen mit einem mit zehn Messern bestückten Messerkopf eingetragen. Es zeigt sich, daß sich für beide Schnittgeschwindigkeiten sämtliche Versuchspunkte auf je einem Kurvenzug einordnen

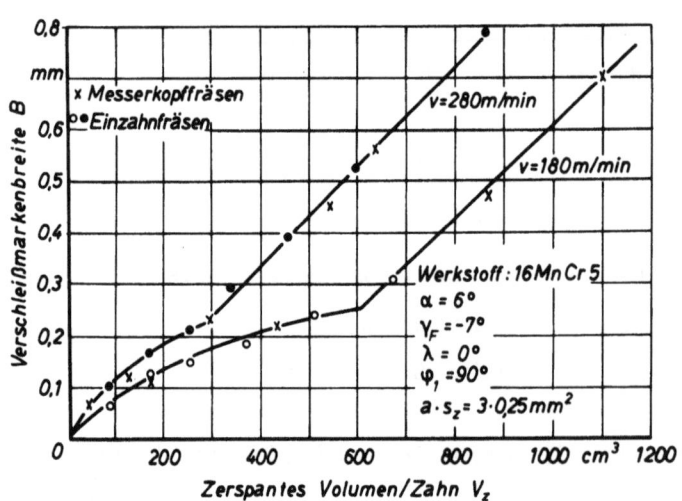

Abbildung 7

Freiflächenverschleiß beim Einzahnfräsen und Messerkopffräsen (10 Messer)

und größere Abweichungen nicht auftreten. Für das Messerkopffräsen sind dabei die arithmetischen Mittelwerte aufgetragen, wobei die maximalen Abweichungen der Einzelwerte $\pm$ 7 % betrugen. Die im folgenden beschriebenen Abhängigkeiten, die z.T. beim Einzahnfräsen gewonnen wurden, sind daher ohne weiteres auch für das Messerkopffräsen gültig.

4.1 Der Freiflächenverschleiß

Bereits in Abbildung 7 wurden zwei Verschleißkurven gezeigt, die die Abhängigkeit der Verschleißmarkenbreite B vom zerspanten Volumen/Zahn V_z darstellen. Man erkennt, daß nach einem zunächst degressiven Anwachsen bis zu gewissen Verschleißgrößen der Freiflächenverschleiß proportional zunimmt. Diese Verschleißcharakteristik entspricht nicht den Wachstumsgesetzen, die WEBER [2] beim Drehen im ununterbrochenen Schnitt empirisch ermittelt hat. WEBER stellte fest, daß sich die Verschleißmarke von der Zeit Null an stetig bildet und den Funktionscharakter für die zeitliche Änderung praktisch unverändert beibehält. Er erwähnt jedoch einschränkend, daß beim unterbrochenen Schnitt eine "scheinbar" andere Charakteristik auftreten kann, die nach seiner Ansicht bedingt ist durch ein mechanisches Abscheren oder Ausbröckeln einzelner Bereiche der Schneide. Aufgrund neuerer Untersuchungen über die Ursachen des Werkzeugverschleisses dürfte diese Verschleißcharakteristik jedoch durch andere Einflüsse bestimmt werden. Da die Änderung des Funktionscharakters für die zeitliche Zunahme des Verschleißes immer im Bereich einer Verschleißmarkenbreite von 0,2 bis 0,3 mm erfolgt, ist es möglich, daß sie durch die unterschiedlichen Temperaturverhältnisse bei scharfem und abgestumpftem Werkzeug hervorgerufen wird.

Mit ansteigender Schnittgeschwindigkeit nimmt der Freiflächenverschleiß schneller zu. Abbildung 8 zeigt als Beispiel Verschleißkurven für das Fräsen von Stahl 34 CrMo 4 mit Hartmetallen der Zerspanungsanwendungsgruppen P 20 und P 30. Die Verschleißcharakteristik bleibt dabei für alle untersuchten Schnittgeschwindigkeiten erhalten. Bis zu einer Verschleißmarkenbreite zwischen 0,2 und 0,3 mm nimmt der Freiflächenverschleiß nach degressiven Kurven zu. Oberhalb von Verschleißmarkenbreiten von 0,2 bis 0,3 mm wächst er proportional mit dem zerspanten Volumen. Die Abhängigkeit des Verschleißes von der Schnittgeschwindigkeit ist bei der vorliegenden Darstellung in Abhängigkeit von zerspanten Volumen nicht so stark wie bei der vom Drehen her gewohnten Darstellung in Abhängigkeit von der Zeit. Zum Vergleich sind die gleichen Verschleißkurven in

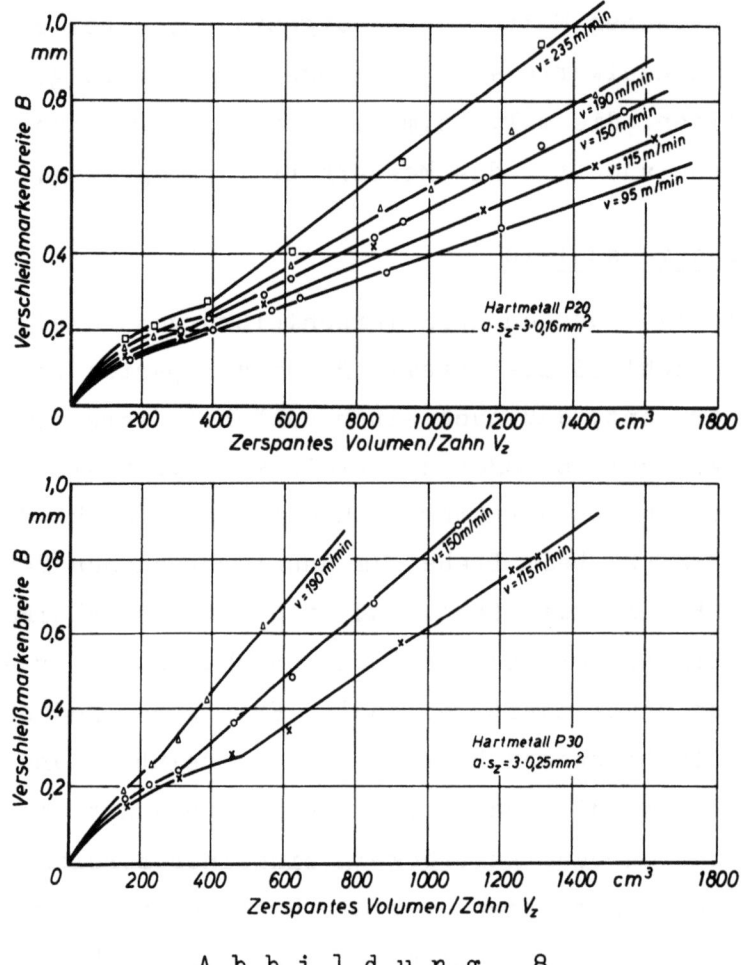

Abbildung 8

Freiflächenverschleiß B = f (V_z); Werkstoff 34 CrMo 4

Abbildung 9 in Abhängigkeit von der Fräszeit t_f aufgetragen. Die Fräszeit ist dabei entsprechend dem Zusammenhang $T = t_f \cdot \frac{\varphi_s}{360}$ direkt proportional der Schnittzeit T beim Fräsen. In dieser Darstellung ergibt sich eine wesentlich stärkere Abhängigkeit des Freiflächenverschleißes von der Schnittgeschwindigkeit. Das Gleiche zeigt sich bei Auftragung im doppelt logarithmischen System (Abb.10). Für den Freiflächenverschleiß ergeben sich parallele Geraden mit der Schnittgeschwindigkeit als Parameter, die zu Beginn entsprechend dem degressiven Kurvenverlauf eine Steigung < 1 aufweisen. Oberhalb B von 0,2 bis 0,3 verlaufen die Geraden unter 45°.

Entnimmt man aus den Verschleißkurven für eine konstante Verschleißmarkenbreite B die Werte für V_z bzw. t_f und trägt diese in Abhängigkeit von der Schnittgeschwindigkeit in doppelt-logarithmischer Darstellung auf, so erhält man Standvolumen- bzw. Standzeitschaubilder, wie sie in den unteren beiden Diagrammen in Abbildung 10 wiedergegeben sind. Über

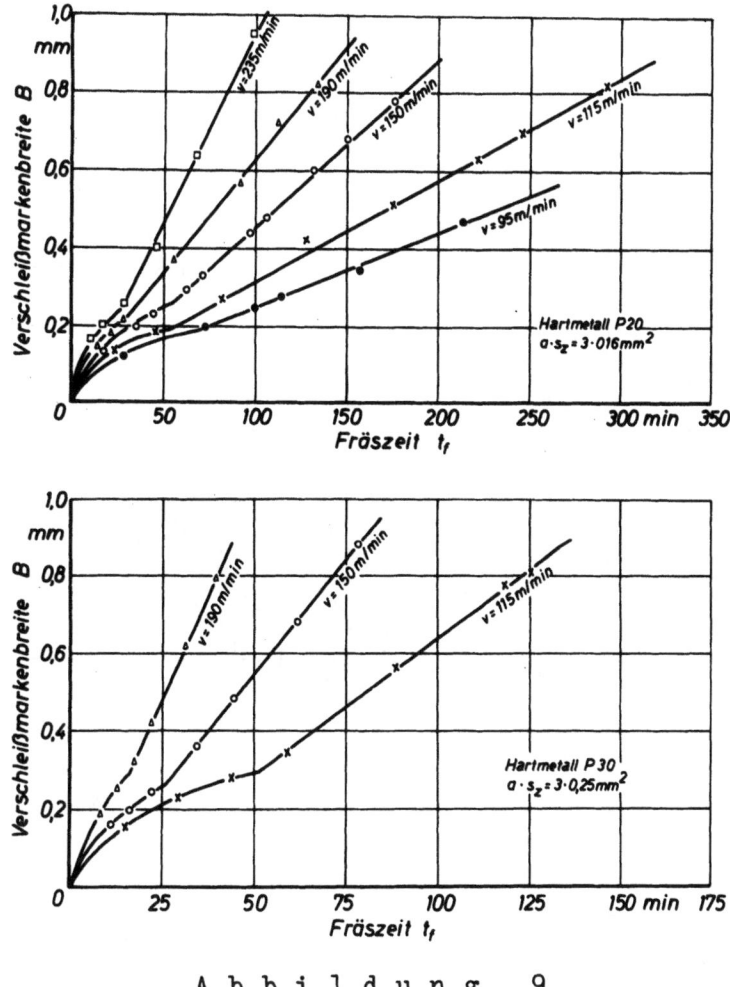

Abbildung 9

Freiflächenverschleiß B = f (t_f); Werkstoff 34 CrMo 4

einen Schnittgeschwindigkeitsbereich von 1 : 2,5 ergeben sich Geraden, die für unterschiedliche Werte von B wiederum parallel verlaufen. Der geradlinige Verlauf ist dabei sowohl für die Standvolumen- als auch für die Standzeitkurven gegeben, die Steigung der Standvolumenkurven und der Standzeitkurven ist jedoch unterschiedlich, und zwar ist der Steigungsexponent der Kurven V_z = f(v) immer um 1 geringer als der der Kurven t_f = f(v) oder T = f(v). Es ist also nicht möglich, beide Abhängigkeiten in einem Diagramm nur durch verschiedene Ordinatenmeßstäbe wiederzugeben.

Für die Auswertung von Fräsergebnissen für die Praxis ist es aber sinnvoll, nicht nur ein Standzeitmaß anzugeben. Als zweckmäßige Standzeitmaße kommen infrage

        1. das zerspante Volumen/Zahn V_z

        2. die Fräslänge/Zahn L_z

        3. die Fräszeit t_f.

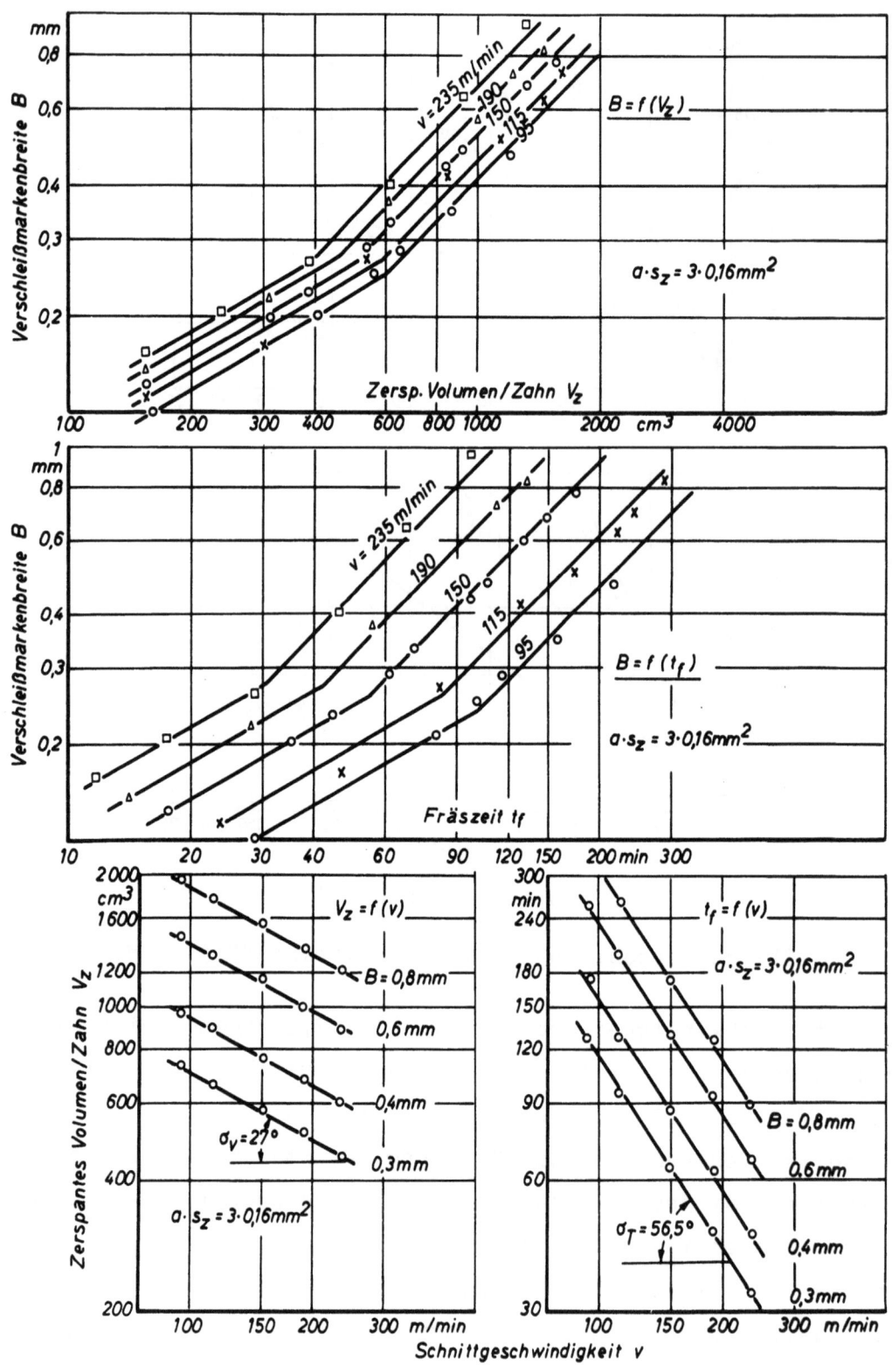

Abbildung 10

Fräsversuche an 34 CrMo 4 mit Hartmetall P20

Seite 20

Für konstante Spanungsdicke können aber Kurven konstanter Fräszeit in Parameterdarstellung zusätzlich als Liniennetz unter 45° in die Standvolumenkurven eingetragen werden. Die Fräszeiten gelten dann jedoch nur für den jeweils angegebenen Werkzeugdurchmesser (Abb.11).

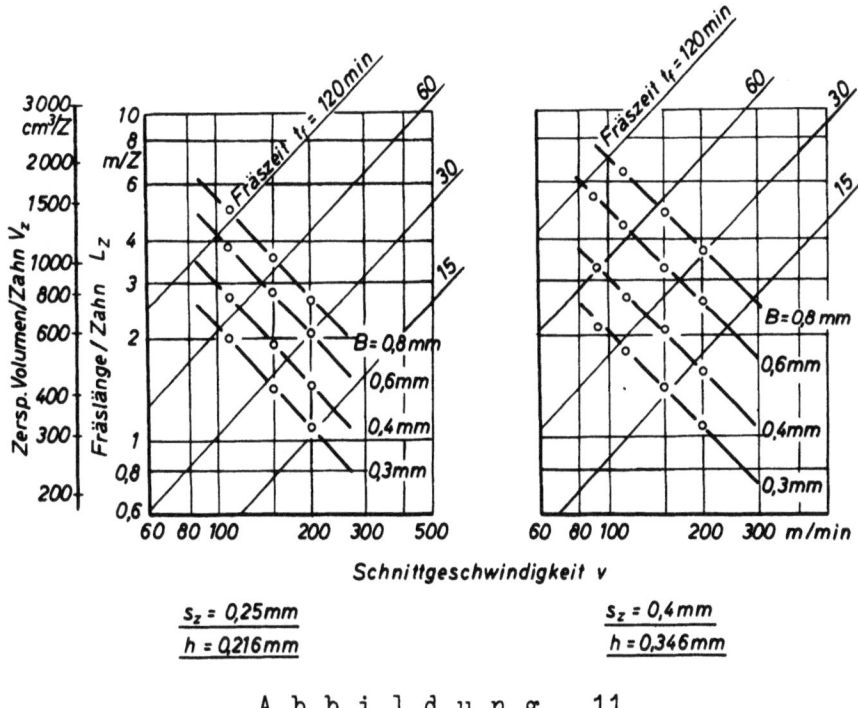

Abbildung 11

Darstellung von Fräsergebnissen in Diagrammform mit
verschiedenen Standzeitmaßen
Werkstoff 34 CrMo 4; Hartmetall P 30

Die Zahl der Werkstücke, die bis zum Werkzeugwechsel bearbeitet werden können, läßt sich in einfacher Weise aus der Fräslänge oder dem zerspanten Volumen errechnen. Aus den Angaben über die Fräszeit ist zu ersehen, nach welcher Zeit ein Werkzeugwechsel erforderlich wird.

Durch den Vorschub/Zahn wird über die Spanungsdicke h_1 der Freiflächenverschleiß beeinflußt. Abbildung 12 zeigt, daß mit wachsendem Vorschub bis zum Erreichen eines bestimmten Freiflächenverschleißes größere Standwege erzielt werden. Je Anschliff kann also eine größere Anzahl von Werkstücken bearbeitet werden. Standzeitmäßig ergeben sich, wie das rechte Diagramm zeigt, wesentlich geringere Unterschiede für die einzelnen Vorschübe. Der größere Vorschub von 0,4 mm ergibt scheinbar ungünstigere Ergebnisse.

Dies wird noch deutlicher in Abbildung 13, in der für konstante Schnittgeschwindigkeiten die Standwege und Standzeiten in Abhängigkeit von der Spanungsdicke aufgetragen sind.

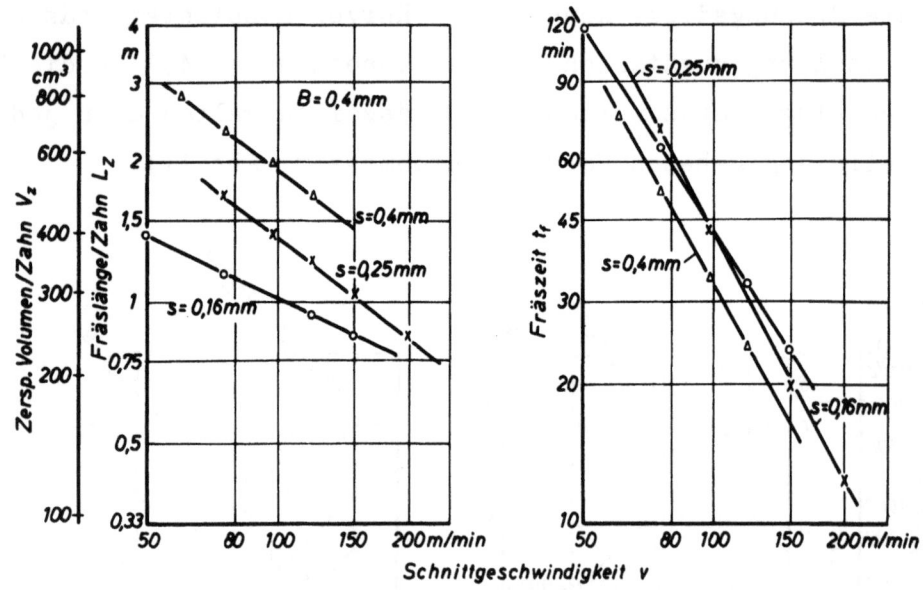

Abbildung 12

Standvolumen, Standweg und Standzeit beim Stirnfräsen von
Stahl 30 CrNiMo 8 mit Hartmetall P 20

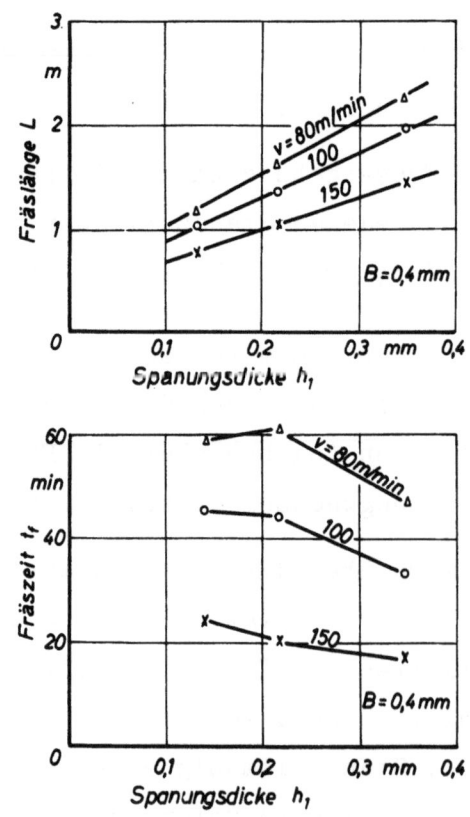

Abbildung 13

Standweg und Standzeit beim Stirnfräsen von Stahl 30 CrNiMo 8 mit
Hartmetall P 20 in Abhängigkeit von der Spanungsdicke h_1

Das obere Diagramm läßt erkennen, daß für alle drei Schnittgeschwindigkeiten die günstigsten Ergebnisse bei der im untersuchten Bereich maximalen Spanungsdicke von 0,346 mm erzielt werden. Die Standzeiten liegen jedoch hierbei, wie aus dem unteren Diagramm zu entnehmen ist, immer niedriger als bei den kleineren Vorschubwerten. Die Spandicke, bei der eine maximale Standzeit erzielt wird, ist, bedingt durch die unterschiedliche Neigung der Standzeitkurven, je nach der Schnittgeschwindigkeit verschieden. Eine ausschließlich zeitgemäße Betrachtung ist daher unzweckmäßig, da sie die tatsächlichen Verbesserungen, die durch Anwendung größerer Vorschübe möglich werden, nicht klar erkennen läßt.

4.2 Der Verschleiß auf der Spanfläche

Bei den untersuchten Werkstoffen trat der Verschleiß auf der Spanfläche nur in geringem Umfang in Form des Kolkenverschleißes auf. Bei den legierten Werkstoffen blieb der Verschleiß auf der Spanfläche abgesehen von extrem hohen Schnittgeschwindigkeiten so gering, daß die Standzeit in keinem Fall durch Kolkverschleiß beendet wurde. Kolkverschleiß wurde vornehmlich bei den unlegierten Werkstoffen C 35 und Ck 60 beobachtet, wobei die Verschleißgrößen auch Werte erreichten, die eine sichere Auswertung ermöglichten.

In Abbildung 14 sind die Kurven für den Kolkverschleiß in Abhängigkeit vom zerspanten Volumen/Zahn wiedergegeben. Es ist zu erkennen, daß die Kolktiefe mit dem zerspanten Volumen linear zunimmt, wobei die Geraden mit ansteigender Schnittgeschwindigkeit steiler verlaufen. Die Werte für die Kolktiefe sind dabei relativ gering. Lediglich für die höchste untersuchte Schnittgeschwindigkeit wurde nach einem zerspanten Volumen von 1700 cm^3 mit 115 μ ein Wert $>$ 100 μ erreicht. Dabei betrug der Kolkmittenabstand 450 μ, so daß sich ein Verhältnis KT/KM von 0,255 ergab. Nach diesem Volumen waren von zehn Messern bereits sieben ausgebrochen, so daß ein Verhältnis K = 0,2 bis 0,25 als die absolute Grenze für den Kolkverschleiß anzusehen ist. Gegenüber dem Drehen, wo diese Grenze nach WEBER [2] bei 0,4 liegt, kann also nur ein wesentlich geringerer Kolkverschleiß zugelassen werden, wenn ein Ausbrechen der Werkzeuge vermieden werden soll. Eine Keilwinkelverringerung von 11 bis 14° schwächt beim Fräsen den Schneidkeil bereits so stark, daß die Kolklippe der stoßartigen Beanspruchung nicht mehr gewachsen ist und ausbricht.

Für eine konstante Kolktiefe wie auch für ein Verhältnis K = const lassen sich ebenfalls Standzeitschaubilder aufstellen. Dabei verlaufen die

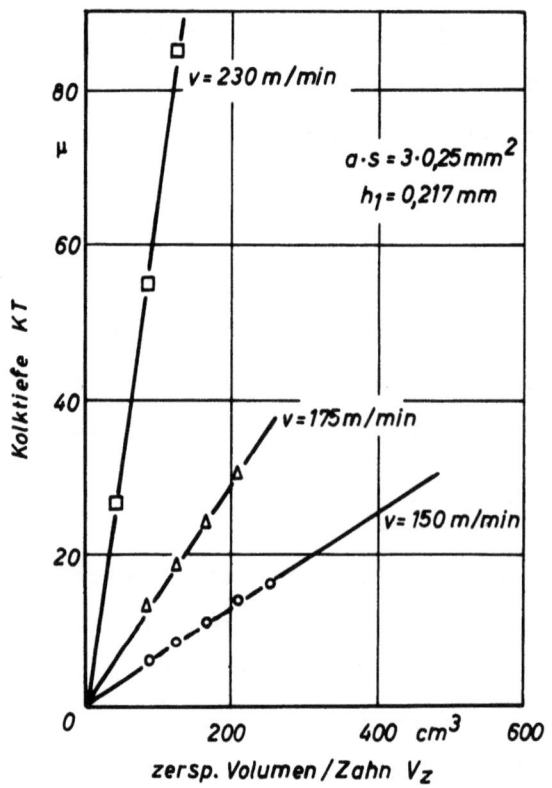

A b b i l d u n g   14

Kolkverschleiß KT in Abhängigkeit vom zerspanten Volumen V_z

Werkstoff Ck 60;

Hartmetall P 30

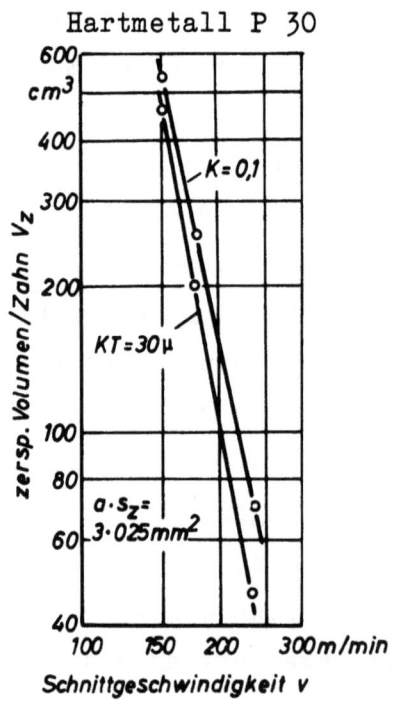

A b b i l d u n g   15

Standzeitschaubild für den Kolkverschleiß

Werkstoff Ck 60;

Hartmetall P 30

Kurven KT = const bzw. K = const im untersuchten Bereich ebenfalls geradlinig, jedoch steiler als die Kurven für den Freiflächenverschleiß und zeigen damit das gleiche Verhalten, wie es vom Drehen her bekannt ist (Abb. 15).

Untersucht man die Ausbildung des Kolkes genauer, so stellt man fest, daß der Kolk in wesentlich stärkerem Maße als beim Drehen als Übergangsform Kolk-Spanflächenverschleiß auftritt.

In Abbildung 16 sind Abtastdiagramme von der Spanfläche beim Fräsen von Stahl Ck 60 mit Hartmetall P 20 wiedergegeben. Es ist deutlich zu erkennen, daß die Kolklippe mit zunehmender Fräszeit immer stärker abgetragen wird.

Dieses Verhalten ist vor allem darauf zurückzuführen, daß die Spanungsdicke h_1 laufend schwankt und dabei Bereiche durchlaufen werden, bei denen auch beim Drehen diese Verschleißform, von WEBER [2] Übergangsform genannt, bzw. sogar Spanflächenverschleiß auftritt. Aus der Summenwirkung dieses verschiedenartigen Verschleißangriffs bildet sich sodann die Übergangsform aus.

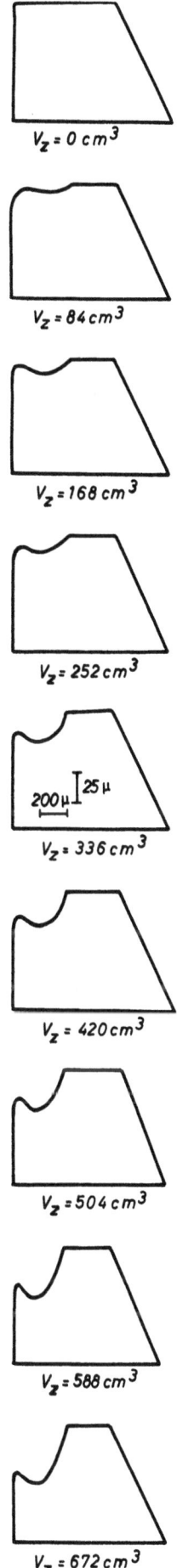

A b b i l d u n g 16
Abtastdiagramme der Spanfläche eines Fräswerkzeuges
Werkstoff Ck 60; Hartmetall P 20
$a \cdot s_z = 3 \cdot 0,16 \text{ mm}^2$

Durch die unterschiedlichen Spandickenbereiche, die bei jedem Schnitt durchlaufen werden, wird ebenfalls der Kolkmittenabstand bestimmt. Auf Grund des vorher Gesagten ist der Kolkmittenabstand beim Fräsen stets geringer als er bei gleichem Vorschub beim Drehen auftritt.

4.3 Einfluß der Schneidengeometrie auf den Verschleiß

Es wurde gezeigt, daß Schnittgeschwindigkeit und Vorschub den Werkzeugverschleiß beim Fräsen wesentlich beeinflussen. Für jede Schneidstoff-Werkstoff-Paarung ist dabei ein Bereich optimaler Schnittbedingungen vorhanden, wenn man von der Forderung eines maximal zerspanbaren Volumens pro Anschliff ausgeht. Wie die Versuche zeigten, wird die Standzeit der Werkzeuge dabei in vielen Fällen durch den Freiflächenverschleiß bestimmt.

Allgemein wird angestrebt, die Standzeit der Werkzeuge zu verlängern, um die Aufwendungen, die durch den Werkzeugwechsel erforderlich werden, und die Kosten für die Werkzeugaufbereitung möglichst zu senken. Arbeitet man im Bereich optimaler Schnittbedingungen, so ist durch Änderung von Schnittgeschwindigkeit oder Vorschub keine Verbesserung mehr zu erzielen.

In weiteren Grenzen können der Freiwinkel α sowie der Fasenspanwinkel γ_F geändert werden. Die Größe des Fasenwinkels wird dabei in erster Linie von der Festigkeit des zu bearbeitenden Werkstoffes bestimmt. In Abbildung 17 ist der Streubereich der in Stichversuchen als günstig ermittelten Werte für den Fasenspanwinkel γ_F in Abhängigkeit von der Festigkeit

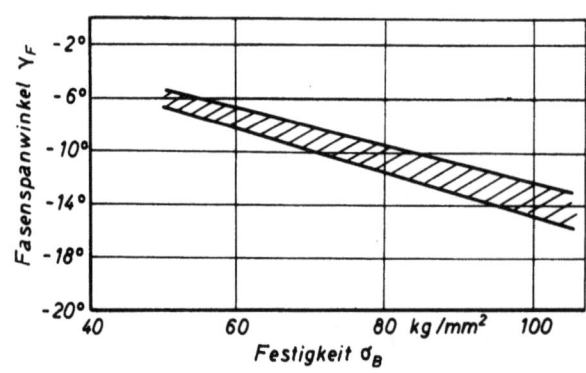

Abbildung 17

Fasenspanwinkel γ_F in Abhängigkeit von der Festigkeit des bearbeiteten Werkstoffes

des bearbeiteten Werkstoffes aufgetragen. Wie die Abbildung zeigt, ist mit zunehmender Festigkeit ein stärkerer negativer Fasenspanwinkel erforderlich. Während bei Festigkeiten unterhalb 60 kg/mm² ein Fasenspanwinkel von rund -7° ausreicht, müssen bei höheren Festigkeiten Winkel von -10 bis -15° gewählt werden, um ein vorzeitiges Ausbrechen der Werkzeuge zu vermeiden. Der Freiflächenverschleiß wird dabei, wie durch Versuche an mehreren Werkstoffen nachgewiesen werden konnte, innerhalb des untersuchten Bereiches durch die Größe des negativen Spanwinkels praktisch nicht beeinflußt.

In Abbildung 18 sind die Ergebnisse von Versuchen an Stahl 37 MnSi 5 mit Hartmetall P 20 wiedergegeben. Die Abbildung zeigt, daß die Volumen, die

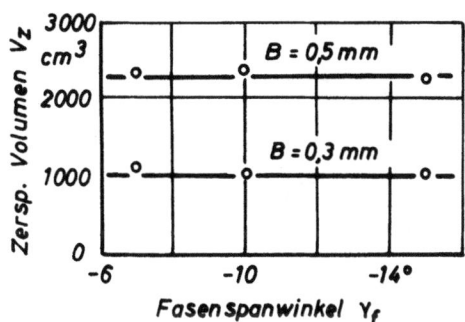

A b b i l d u n g   18
Einfluß des Fasenspanwinkels auf den Freiflächenverschleiß
Werkstoff: 37 MnSi 5;
Hartmetall P 20
$a \cdot s_z = 3 \cdot 0,25$ mm²

bei verschiedenen Fasenanschliffen bis zum Erreichen einer Verschleißmarkenbreite von 0,3 bzw. 0,5 mm zerspant werden konnten, praktisch gleich sind und die Abweichungen innerhalb der üblichen Meßstreuungen liegen. Durch eine Änderung des Fasenspanwinkels können also keine Standzeitverbesserungen erzielt werden, es sei denn, daß ein zu geringer Fasenspanwinkel gewählt wurde und dadurch vorzeitige Ausbrüche auftraten.

Für die Wahl des Fasenspanwinkels sind somit zwei Gesichtspunkte maßgebend:

1. der Fasenspanwinkel ist so stark negativ zu wählen, daß bis zum Erreichen der vorgegebenen Verschleißmarkenbreite keine Ausbrüche auftreten, die auf einen zu geringen Keilwinkel zurückzuführen sind.
2. Um den Leistungsbedarf möglichst niedrig zu halten, ist der mit Rücksicht auf Schneidenausbrüche kleinstmögliche Fasenspanwinkel zu wählen.

Dem Freiwinkel wurde bisher nur wenig Aufmerksamkeit geschenkt. Bisher wurde allgemein die Ansicht vertreten, daß größere Freiwinkel als 6 bis 8° nicht anwendbar sind, da andernfalls die Werkzeuge ausbrechen. In sowjetischen Veröffentlichungen [3] der letzten Jahre werden jedoch wesentlich größere Freiwinkel bis zu 15° als Optimalwerte angegeben. In einer Reihe von Versuchen wurde daher untersucht, wie sich der Freiflächenverschleiß mit dem Freiwinkel ändert. Abbildung 19 zeigt als Beispiel Verschleißkurven für den Werkstoff 16 MnCr 5. Es ist zu erkennen, daß

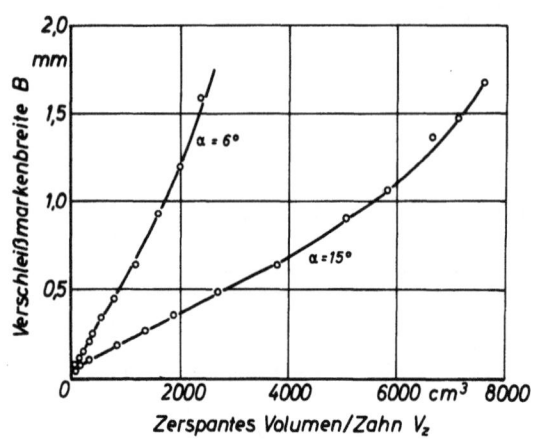

A b b i l d u n g   19

Freiflächenverschleiß beim Fräsen von 16 MnCr 5 bei verschiedenen Freiwinkeln mit Hartmetall P 20

$v = 108$ m/min; $a \cdot s_z = 3 \cdot 0,25$ mm^2

der Freiflächenverschleiß bei einem Freiwinkel von 15° wesentlich niedriger liegt als bei 6° Freiwinkel. Vergleicht man die Verschleißgrößen bei einem konstanten Volumen von 2000 cm^3, so beträgt der Freiflächenverschleiß bei 6° Freiwinkel rund 1,2 mm, bei 15° Freiwinkel jedoch nur 0,37 mm. Legt man als Standzeitkriterium einen Freiflächenverschleiß von 0,8 mm zugrunde, so können bei 6° Freiwinkel 1450 cm^3, bei 15° Freiwinkel insgesamt 4600 cm^3 zerspant werden. Dies entspricht einer Fräszeit von 2,4 bzw. 7,6 Stunden. Lediglich durch Vergrößerung des Freiwinkels kann also die Standzeit der Werkzeuge wesentlich erhöht werden. Der geringere Freiflächenverschleiß bei konstantem zerspantem Volumen wirkt sich außerdem insofern günstig aus, daß die Kontaktzone Freifläche - Schnittfläche wesentlich kleiner wird. Dadurch wird die Wärmemenge, die durch diesen Reibungsvorgang an der Freifläche dem Werkzeug zugeführt wird, ebenfalls geringer und Querrisse, die in Verbindung mit den Kammrissen häufig zu Ausbrüchen führten, treten später auf.

Trägt man das zerspante Volumen für konstante Verschleißmarkenbreite in Abhängigkeit vom Freiwinkel auf, so ergeben sich, wie Abbildung 20 zeigt, Geraden. Die Standzeitunterschiede bei verschiedenen Freiwinkeln sind dabei beträchtlich. Durch Vergrößerung des Freiwinkels von 6 auf 12° wird z.B. die Standzeit um rund 100 %, durch Vergrößerung auf 15° sogar um rund 150 % erhöht. Es ist klar, daß wegen der Keilwinkelverringerung bei größerem Freiwinkel dieser nur bis zu gewissen Grenzwerten vergrößert werden kann. Dieser Grenzwert wurde in den Versuchen in Übereinstimmung mit den sowjetischen Angaben zu 12 bis 15° ermittelt. Bei Freiwinkeln von 18 bis 20° brachen die Messer stets vorzeitig aus. Es zeigte sich jedoch, daß sich eine Keilwinkelverringerung durch Wahl eines größeren Freiwinkels weniger stark auswirkt als eine Verringerung des Fasenspanwinkels γ_F.

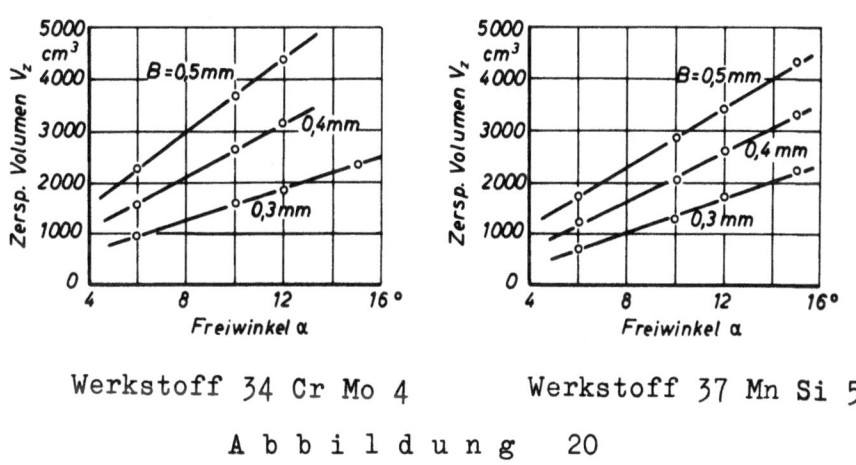

Werkstoff 34 Cr Mo 4   Werkstoff 37 Mn Si 5

A b b i l d u n g   20

Zerspantes Volumen in Abhängigkeit vom Freiwinkel

Durch den Verschleiß auf der Freifläche verändert die Schneidkante ihre Ausgangslage. Aufgrund geometrischer Zusammenhänge läßt sich der Schneidkantenversatz SKV errechnen. Es ergibt sich:

$$SKV = B \cdot \frac{tg\alpha}{1 - tg\alpha \cdot tg\,\gamma_F}$$

Da das Produkt $tg\alpha \cdot tg\,\gamma_F$ für übliche Werkzeugwinkel sehr klein ist (bei $\alpha = 6°$; $\gamma_F = -10°$ wird $tg\alpha \cdot tg\,\gamma_F = 0,0185$, bei $\alpha = 15°$; $\gamma_F = -15°$ wird $tg\alpha \cdot tg\,\gamma_F = 0,072$) kann man in erster Näherung schreiben $SKV = B \cdot tg\alpha$.

In Abbildung 21 ist dieser Zusammenhang zwischen dem Schneidkantenversatz und der Verschleißmarkenbreite für verschiedene Freiwinkel graphisch aufgetragen. Es ist zu erkennen, daß mit wachsendem Freiwinkel der

Schneidkantenversatz bei konstanter Verschleißmarkenbreite stark zunimmt. Für 12° Freiwinkel beträgt er das Doppelte, für 15° Freiwinkel das 2 1/2-fache des Schneidkantenversatzes bei 6° Freiwinkel.

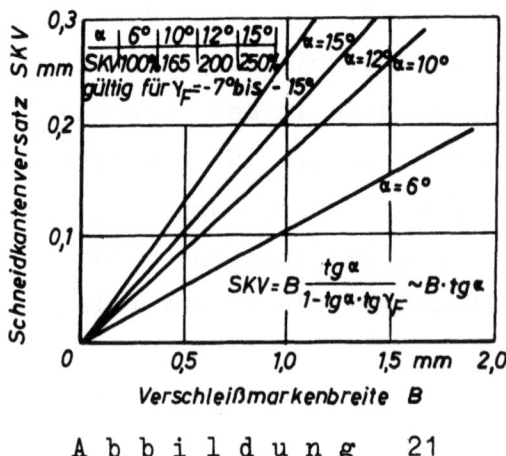

A b b i l d u n g   21

Schneidkantenversatz in Abhängigkeit vom Freiflächenverschleiß
für verschiedene Freiwinkel

Errechnet man aus Verschleißkurven die Werte für den Schneidkantenversatz, so zeigt sich, daß für den untersuchten Bereich der Schneidkantenversatz bei gleichem zerspanten Volumen nur in erster Näherung unabhängig vom Freiwinkel ist. Eine allgemeingültige und exakte Umrechnung von Verschleißwerten, die für einen Freiwinkel ermittelt wurden, auf andere Freiwinkel ist daher nicht möglich. Lediglich für eine überschlägige Abschätzung kann mit einem konstanten Schneidkantenversatz bei konstantem Volumen gerechnet werden.

Da der Schneidkantenversatz sehr gering ist, wird das Nachschliffvolumen durch den größeren Schneidkantenversatz bei größerem Freiwinkel nicht beeinflußt. Das Maß, um welches man einen Messerkopf bei einer Wiederaufbereitung nachschleift, wird nämlich immer wesentlich größer als der Schneidkantenversatz gewählt, um sämtliche Verschleißerscheinungen einschließlich der Kammrisse zu beseitigen. Eine Vergrößerung des Freiwinkels ist daher immer dann zweckmäßig, wenn günstige Arbeitsbedingungen vorliegen und die Standzeit durch den Freiflächenverschleiß beendet wird, da hierdurch eine wesentliche Standzeiterhöhung möglich ist. Gute Ergebnisse werden vor allem erzielt, wenn die Größe des Freiwinkels und des Fasenspanwinkels aufeinander abgestimmt werden, d.h. der Fasenspanwinkel ist um 1 bis 2° stärker negativ zu wählen, wenn der Freiwinkel vergrößert wird.

4.4 Standzeitvergleich Drehen - Fräsen

Es wurde bereits gesagt, daß sich die Schnittunterbrechungen beim Fräsen nachteilig auf das Standzeitverhalten Hartmetall-bestückter Fräswerkzeuge auswirken, indem sie als eine Ursache für die Bildung von Kammrissen angesehen werden können.

Im folgenden soll untersucht werden, wie Kolk- und Freiflächenverschleiß durch die Schnittunterbrechungen beeinflußt werden. Zu diesem Zweck wurden Dreh- und Fräsversuche an Werkstücken aus der gleichen Charge durchgeführt, wobei die Versuchsbedingungen beim Drehen und Fräsen einander angeglichen wurden. Abbildung 22 enthält das Ergebnis einer Versuchsreihe an Stahl 16 MnCr 5 mit Hartmetall P 20. Das linke Diagramm zeigt das Standvolumenschaubild für beide Bearbeitungsverfahren, wobei die Kurven für das Drehen aus einem Standzeitschaubild errechnet wurden. Im rechten Diagramm sind für ein Verschleißkriterium B = 0,4 mm die Schnittzeit beim Drehen und Fräsen $T_{B=0,4}$ sowie zusätzlich die Fräszeit $t_{f,B=0,4}$ gegenübergestellt.

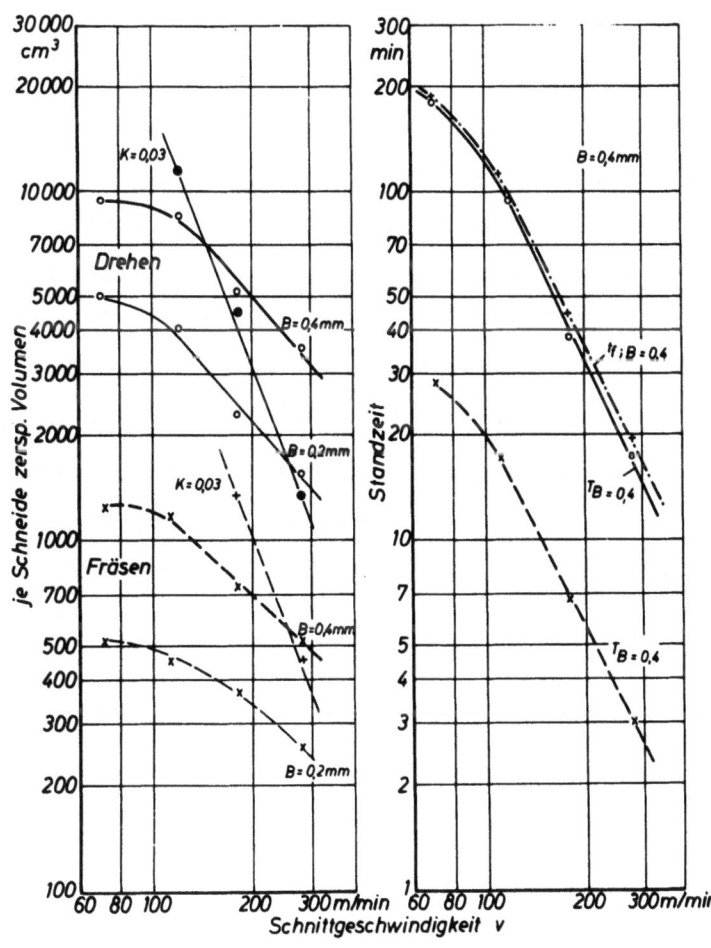

Abbildung 22

Standzeitvergleich Drehen - Fräsen, Werkstoff 16 MnCr 5; Hartmetall P 20

$$a \cdot s_z = 3 \cdot 0,25 \text{ mm}^2$$

Das Standvolumenschaubild zeigt, daß der Kolkverschleiß im untersuchten Bereich zurücktritt und für das Standzeitende nicht bestimmend ist. Vergleicht man die je Schneide zerspanten Volumen bei einer Schnittgeschwindigkeit von 100 m/min, so zeigt sich, daß im Drehvorgang bis zu einer Verschleißmarkenbreite von 0,4 mm 8900 cm^3, im Fräsvorgang jedoch nur 1200 cm^3 zerspant werden können. Die Volumina verhalten sich also etwa wie 7,5 : 1. Ähnlich verhalten sich die Schnittzeiten. Während bei einer Schnittgeschwindigkeit von 100 m/min beim Drehen eine Schnittzeit von 120 min erreicht wird, sinkt die Schnittzeit beim Fräsen auf 20 min, d.h. auf ein Sechstel ab. Die Fräszeit t_f ist im vorliegenden Fall etwa gleich groß wie die Schnittzeit beim Drehen (130 min gegenüber 120 min).

Die Abkühlung des Fräsmessers während der Schnittpause bewirkt somit nicht, wie vielfach vermutet, ein Absinken des Verschleißes gegenüber dem Drehvorgang, sondern stets eine erhebliche Zunahme. Dies läßt darauf schließen, daß beim Fräsen bestimmte Verschleißursachen stärker in den Vordergrund treten als beim Drehen.

Um die Einflußgrößen weitgehend zu trennen, wurde in einer weiteren Versuchsreihe an Stahl 41 Cr 4 das Verschleißwachstum bei vier verschiedenen Bearbeitungsvorgängen beobachtet, und zwar beim Drehen im ununterbrochenen Schnitt mit positivem und negativem Spanwinkel, beim Drehen im unterbrochenen Schnitt mit negativem Spanwinkel und beim Fräsen mit negativem Spanwinkel. Der negative Spanwinkel wurde dabei in allen Fällen als Fase angeschliffen. Das Ergebnis dieser Versuchsreihe zeigt Abbildung 23. Eingetragen sind in diesem Diagramm Standvolumenkurven für eine Verschleißmarkenbreite von 0,2 mm und ein Kolkverhältnis K = 0,1. Beim Übergang von einem positiven Spanwinkel (+ 10°) auf einen negativen Spanwinkel (- 10°) nimmt der Freiflächenverschleiß zu. Das zerspante Volumen $V_{Z, B = 0,2}$ fällt bei einer Schnittgeschwindigkeit von 150 m/min von 950 cm^3 auf 660 cm^3, d.h. um rund 30 % ab. Die Ursache für dieses Verhalten ist primär auf unterschiedliche Temperaturverhältnisse an der Schneide zurückzuführen. Durch den negativen Spanwinkel steigen die Schnittkräfte an, d.h. an der Schnittstelle wird eine größere Energiemenge frei, wodurch höhere Temperaturen auftreten. Dabei wirkt sich diese höhere Temperaturbelastung nicht nur auf der Spanfläche, sondern ebenfalls auf der Freifläche aus.

Bei einem Vergleich der Verschleißkurven stellt man fest, daß der Anfangsverschleiß bei negativem Spanwinkel geringer ist als bei positivem Spanwinkel. Die Verschleißgeschwindigkeit ist jedoch höher, so daß sich

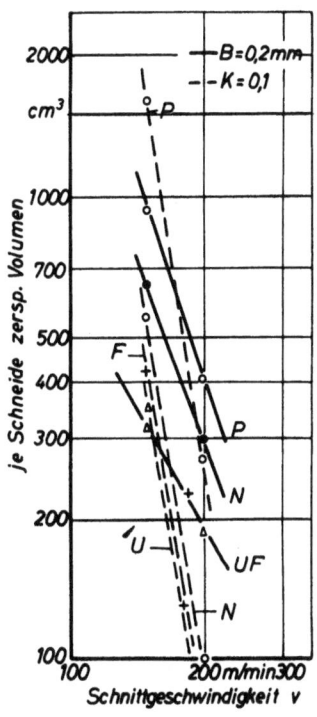

Abbildung 23

Verschleiß beim Drehen und Fräsen bei verschiedenen Spanwinkeln

Werkstoff 41 Cr 4;

a · s = 2 · 0,25 mm^2

P = Drehen im ununterbrochenen Schnitt;
γ = + 10°

N = Drehen im ununterbrochenen Schnitt;
γ = - 10°

U = Drehen im unterbrochenen Schnitt;
γ = - 10°

F = Fräsen;
γ = - 10°

die Verschleißkurven bereits nach kurzer Zeit schneiden. Nach größeren Volumen verlaufen die Kurven parallel, wobei der Verschleiß bei negativem Spanwinkel um rund 50 % höher liegt als bei positivem Spanwinkel. Diese Erscheinung beruht vornehmlich auf der Schneidenform. Die scharfe Schneide bei positivem Spanwinkel rundet sich zunächst stärker ab und neigt zu mikroskopisch kleinen Ausbröckelungen, die einen großen Anfangsverschleiß hervorrufen. Bei dem größeren Keilwinkel durch einen negativen Spanwinkel treten diese Erscheinungen nur in geringerem Umfang auf.

Wird das Werkzeug im unterbrochenen Schnitt eingesetzt, so fällt das Standvolumen auf rund 30 % des Ausgangswertes ab. Dabei liegen die Werte für das Drehen im unterbrochenen Schnitt und für das Fräsen in etwa gleich.

Für den Kolkverschleiß ist ebenfalls ein starker Standzeitabfall beim Übergang von einem positiven auf einen negativen Spanwinkel festzustellen. Die Ursachen für diesen stärkeren Kolkverschleiß sind dabei die gleichen wie für den zunehmenden Freiflächenverschleiß. Durch die Schnittunterbrechungen wird der Kolkverschleiß nicht so stark beeinflußt wie der Freiflächenverschleiß.

Eine der Ursachen für den höheren Verschleiß ist also die veränderte Schneidengeometrie. Jedoch hat der unterbrochene Schnitt, wie die Versuche zeigen, einen wesentlich größeren Einfluß auf den Verschleiß. Es müssen also weitere Ursachen wirksam werden. FRÖHLICH [4] äußerte die Vermutung, daß sich die stärkere Zunderung beim unterbrochenen Schnitt verschleißfördernd auswirkt. Auf die Zunderung der Hartmetalle als Verschleißursache wies zuerst AXER [5] hin. Er führte Analogieversuche durch, indem er Hartmetallplatten an Luft 15 Minuten auf Temperaturen zwischen 400 bis 600° C erhitzte. Dabei zeigte sich eine deutliche Veränderung der Hartmetalloberfläche, wobei vor allem die Kobaltphase sowie die Wolframkarbide angegriffen wurde. Es entstehen Verbindungen, die eine wesentlich geringere Festigkeit als die Hartmetallbestandteile besitzen. AXER kommt daher zu dem Schluß, daß diese Oxydationsprodukte den Verschleißvorgang dadurch merklich beeinflussen, daß sie schneller abgetragen werden. Derartige Aufwachsschichten sind auch am Werkzeug nach dem Schnittvorgang zu beobachten.

OSTERMANN [6] stellte jedoch bei späteren Versuchen fest, daß eine Verzunderung bei Drehwerkzeugen erst in einer gewissen Entfernung von der Verschleißmarke feststellbar ist, während ein unmittelbar an die Verschleißmarke anschließender Bereich praktisch unverändert bleibt. Dieses Ergebnis bedeutet jedoch, daß der Verschleißvorgang beim Drehen durch die Zunderung bei praktischen Bedingungen nicht beeinflußt werden kann. Lediglich bei der Zuführung von Luft oder Gasen unter hohen Drücken an die Schnittstelle können die Zundervorgänge wirksam werden.

Beim Fräsen kommt der Luftsauerstoff während der Schnittpause jedoch mit der heißen Werkzeugoberfläche in Berührung, so daß eine stärkere Auswirkung der Zunderung möglich erscheint. Zur Überprüfung dieses Einflusses wurden mit mehreren Werkzeugen an Werkstücken verschiedener Breite Fräsversuche durchgeführt und die Veränderungen auf der Freifläche elektronmikroskopisch untersucht. Das Ergebnis eines Versuches zeigen die Abbildungen 24 und 25.

 Drehwerkzeug

 Fräswerkzeug

A b b i l d u n g   24

Ausbildung der Freiflächenzonen beim Drehen und Fräsen

In Abbildung 24 ist ein Drehwerkzeug einem Fräswerkzeug gegenübergestellt. Während bei dem verschlissenen Drehmeißel die Zunderzone erst in einer gewissen Entfernung (etwa 0,8 - 0,9 mm) von der Verschleißmarkenbreite beginnt, schließt sie sich bei dem Fräswerkzeug unmittelbar an die Verschleißmarke an. Deutlicher sind die Verhältnisse auf den Abbildungen 25a bis 25e zu erkennen. Alle Aufnahmen stammen aus einem etwa 0,5 mm breiten Bereich. Die Entfernung von der Schneidkante ist mit angegeben. Im Bereich der Verschleißmarke sind anhaftende Werkstoffschichten zu beobachten, die fest mit dem Hartmetall verschweißt sind. Diese Schichten reichen bis zur unteren Begrenzungslinie der Verschleißmarke. Direkt anschließend ist eine starke Verzunderung des Hartmetalls zu beobachten, wobei die Stärke der Zunderung mit wachsender Entfernung von der Schneidkante abnimmt. Auf dem untersten Bild sind bereits wieder nicht angegriffene Wolframkarbide zu erkennen.

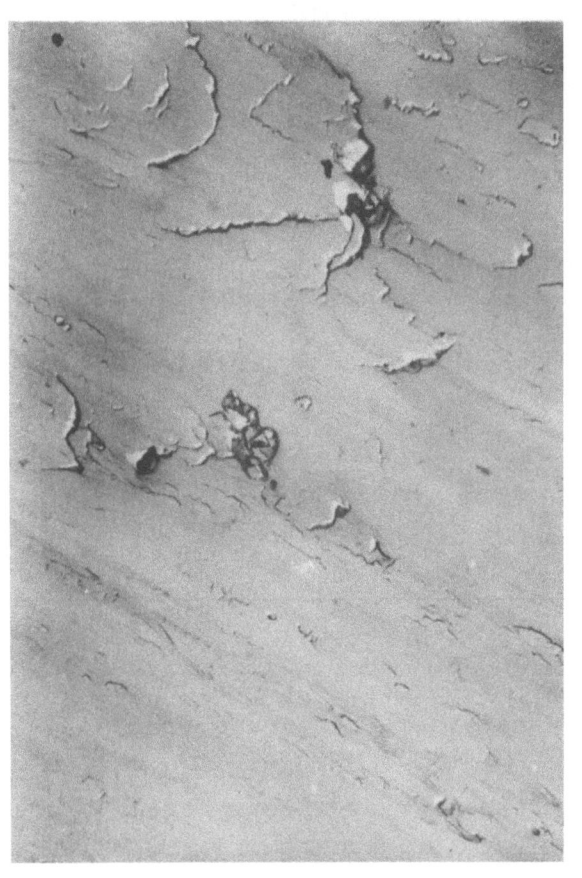
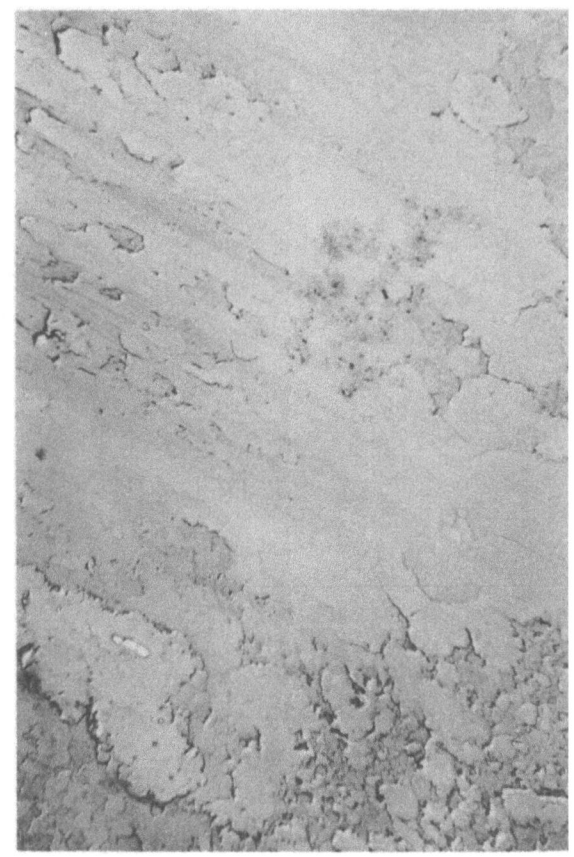

Schneidkante →

a) 0,4 mm

b) 0,5 mm

c)

d)

e)   0,7mm

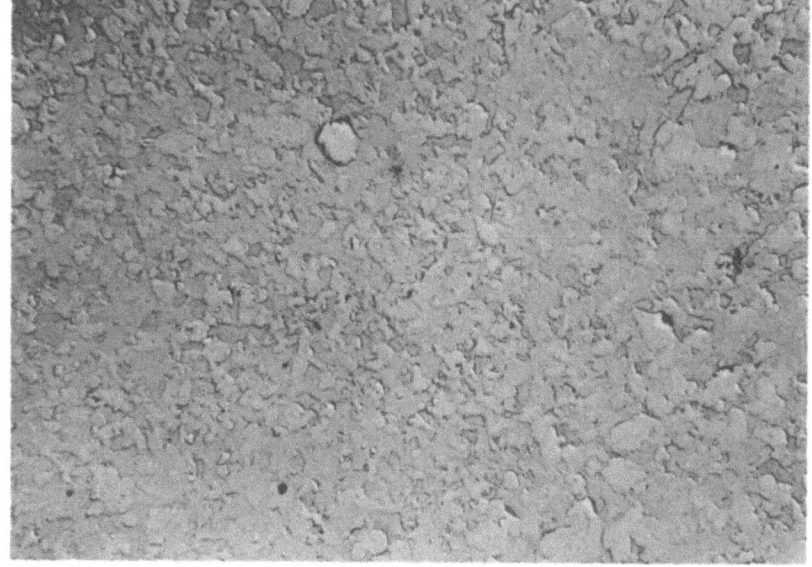

Abbildung 25

Die geschilderten Ergebnisse wurden unter folgenden Versuchsbedingungen gefunden:

Werkstoff	37 Mn Si 5
Schnittgeschwindigkeit	v = 200 m/min
Spanungsquerschnitt	$a \cdot s_z = 2,5 \cdot 0,25$ mm^2
Exzentrizität	e = 0 mm
Messerkopf ⌀	D = 250 mm
Werkstückbreite	B' = 205 mm
Werkstücklänge	l = 300 mm
Zahl der Überläufe	4

Hieraus ergibt sich ein Schnittbogen von 110°. Das Verhältnis von Schnittbogen zu Leerlaufbogen ist im vorliegenden Fall also relativ groß. Wählt man jedoch eine geringere Werkstückbreite von 90 mm, so geht die Zunderung stark zurück. Bei dem dann vorliegenden kurzen Schnittbogen müssen die Temperaturen unterhalb der Verschleißmarke somit geringer sein als bei großen Schnittbogen, so daß eine starke Verzunderung nicht auftritt. Dieses Verhalten wurde in mehreren Versuchsreihen beobachtet und führt zu dem Schluß, daß die Zunderung nicht als wesentliche Ursache für das schnellere Verschleißwachstum angesehen werden kann. Hinzu kommt, daß gerade bei kleinerem Verhältnis B'/D eine stärkere Verschleißzunahme beobachtet wurde. Abbildung 26 zeigt das Ergebnis eines Stichversuches für drei verschiedene Werkstückbreiten von 100, 140 und 180 mm entsprechend einem Verhältnis B'/D von 0,4, 0,56 und 0,72. Mit größer werdendem B'/D ist dabei ein Absinken des Verschleißes festzustellen.

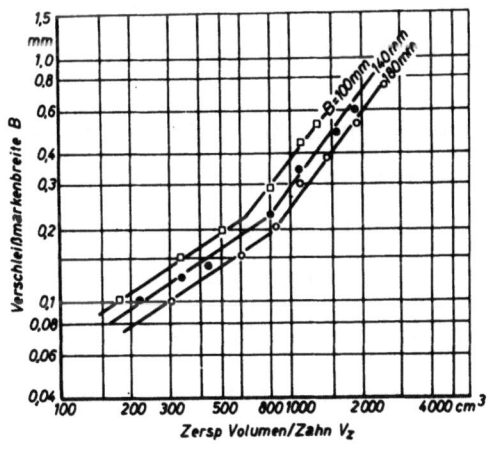

A b b i l d u n g   26

Verschleißkurven für das Fräsen von Stahl 37 MnSi 5 mit Hartmetall P 20 bei verschiedenen Werkstückbreiten

Bei 40 % größerer Werkstückbreite sinkt der Verschleiß etwa um ein Fünftel, bei 80 % größerer Werkstückbreite etwa um ein Drittel. Diese Unterschiede sind beträchtlich und können durch die bisherigen Anschauungen nicht erklärt werden.

Gleiche zerspante Volumen entsprechen bei den vorliegenden Schnittverhältnissen praktisch gleichen Schnittzeiten. Wie eine Rechnung zeigt, unterscheiden sich die Schnittzeiten nur um 3,5 %. Berechnet man jedoch die Zahl der Anschnitte bis zum Erreichen eines bestimmten zerspanten Volumens, so ergeben sich beträchtliche Unterschiede. Trägt man für konstante zerspante Volumen die Verschleißmarkenbreite über der Anschnittzahl auf, so ergeben sich im vorliegenden Fall für den untersuchten Bereich Geraden (Abb.27).

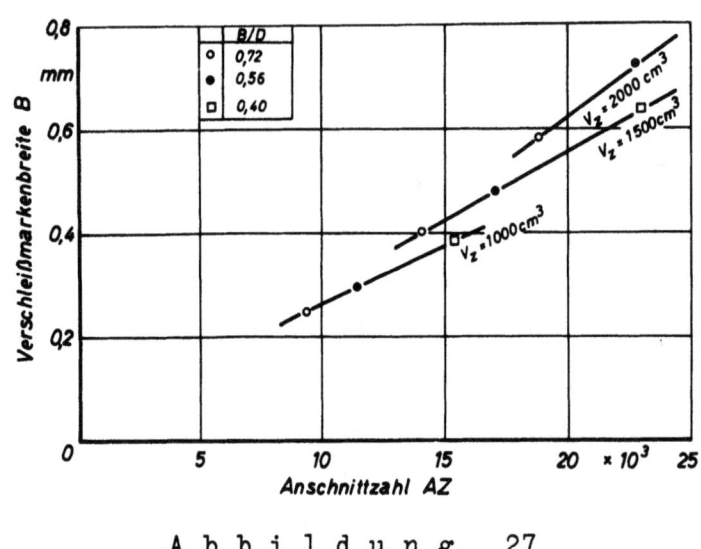

Abbildung 27

Abhängigkeit des Freiflächenverschleißes beim Fräsen von Stahl 37 MnSi 5 bei verschiedenen Werkstückbreiten von der Anschnittzahl

Dieses Verhalten läßt darauf schließen, daß die Schnittunterbrechungen das Verschleißwachstum wesentlich beeinflussen. Beim Drehen tritt diese Erscheinung bei den konventionellen Prüfverfahren nicht so stark in Erscheinung, da sich die Anschnittzahlen selbst bei extrem unterschiedlich langen Werkstücken nur unwesentlich unterscheiden.

OSTERMANN [6] vermutet aufgrund neuerer Untersuchungen über die Ursachen des Werkzeugverschleißes, daß Kolk- und Freiflächenverschleiß auf ähnlichen Verschleißursachen beruhen, da an beiden Stellen ähnliche Temperaturverhältnisse herrschen. Betrachtet man weiterhin elektronenmikroskopische Aufnahmen von Kolk- und Freiflächenkontaktzonen, so erkennt man ein ähnliches Oberflächenaussehen. Zwischen Werkstückstoff und Werkzeugstoff treten Verschweißungen auf, die jedoch bei laufender Bewegung der Oberflächen gegeneinander wieder zerstört werden und abreißen. Das Abreißen erfolgt dabei immer im Bereich der geringsten Festigkeit gegenüber mechanischer Beanspruchung, vor allem gegenüber einer Scherbeanspruchung. Aufgrund von Diffusionsvorgängen zwischen Schneidstoff und Werkstückstoff wird das Werkzeugmaterial so stark geschwächt, daß einzelne Hartmetallteilchen herausgerissen werden und mit dem Span bzw. auf der Schnittfläche abwandern.

Diese Verschweißungen konnten mit Hilfe des Verfahrens der radioaktiven Verschleißmessung eindeutig nachgewiesen werden. Durch die von den Abriebteilchen künstlich aktivierter Schneidplatten ausgesandte Strahlung werden Photopapiere belichtet, wenn man sie genügend lange z.B. mit Spänen aus derartigen Versuchen zusammenbringt. Diese als Autoradiogramme bezeichneten Aufnahmen (Abb.28), wie sie erstmals von ERNST und MERCHANT [7] veröffentlicht wurden, lassen Menge und Verteilung der abgetragenen

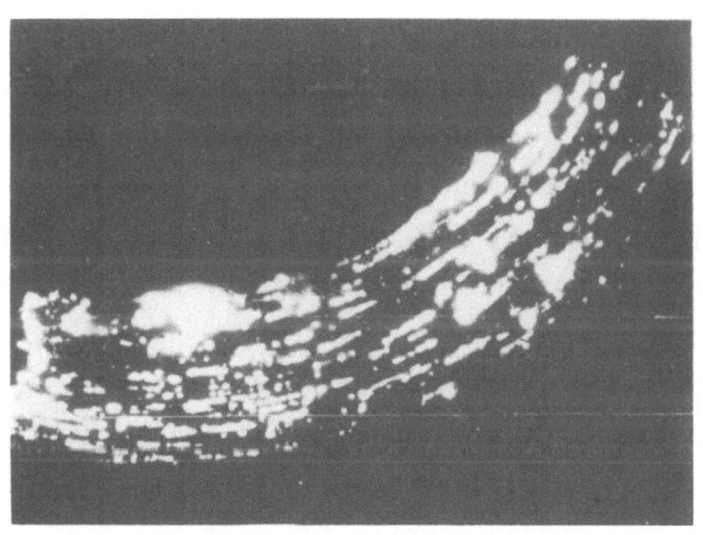

A b b i l d u n g   28

Autoradiographie eines Spanes

Werkzeugpartikel erkennen, während sie mit bloßem Auge nicht zu beobachten sind. Diese Verschweißungen sind nicht zu verwechseln mit den von WEBER [2] beschriebenen Verklebungen, die vornehmlich im Bereich niedriger Schnittgeschwindigkeiten auftreten und auf der Spanrückseite deutlich zu erkennen sind. Diese Verklebungen beeinflussen zwar auf ähnliche Weise den Verschleiß, sie treten jedoch nur in einem begrenzten Schnittgeschwindigkeitsbereich auf.

Diese Deutung des Verschleißes ermöglicht es, die stärkere Verschleißzunahme beim Fräsen zu erklären. Bei jedem Schnitt treten neue Verschweißungen zwischem dem Werkstückstoff und den bereits vorhandenen Verschweißungen im Bereich der Kontaktzone auf, wobei die Verschweißneigung zwischen Stahl und Stahl natürlich besonders groß ist und u.U. durch die besonderen Temperaturverhältnisse - beim Fräsen wird bei jedem Schnitt ein großer Temperaturbereich durchlaufen, während sich beim Drehen ein Temperaturgleichgewicht einstellt - noch gefördert wird. Bei den stoßartigen Belastungen beim Ein- und Austritt des Fräsmessers ist zu erwarten, daß diese Schweißstellen abreißen und dabei auch Werkzeugmaterial mit abgetragen wird.

5. Richtwerte für das Fräsen der Stähle 37 MnSi 5, 34 CrMo 4 und 30 CrNiMo 8

5.1 Fräsversuche an Stahl 37 MnSi 5

Für die wirtschaftliche Anwendung von Hartmetallwerkzeugen ist die Wahl geeigneter Fasenspanwinkel von besonderer Bedeutung. Deshalb wurden für jeden Werkstoff in Vorversuchen günstige Fasenspanwinkel ermittelt. Beim Fräsen von Stahl 37 MnSi 5 zeigte sich, daß sowohl die Festigkeit des Werkstoffes als auch der Freiwinkel für die Wahl des Fasenspanwinkels bestimmend sind. In den Stichversuchen erwies sich bei einem Freiwinkel $\alpha = 6°$ ein Fasenspanwinkel $\gamma_F = -10°$ als günstig. Bei Vergrößerung des Freiwinkels auf $\alpha = 12°$ wurde mit Rücksicht auf die Festigkeit des Schneidkeils ein Fasenspanwinkel von $\gamma_F = -15°$ gewählt, der sich auch in den Stichversuchen als günstig herausgestellt hatte. Diese Winkelkombinationen blieben beim Fräsen mit den verschiedenen Hartmetallen und unter den verschiedenen Schnittbedingungen konstant. Zur Aufstellung der Standvolumenschaubilder wurden jeweils für vier bis fünf Schnittgeschwindigkeiten die Verschleißkurven ermittelt. Die Standvolumenschaubilder sind in den Abbildungen 29 bis 34 dargestellt. Aus ihnen können für bestimmte Verschleißkriterien und die jeweiligen Schnittbedingungen die zerspanten Volumen je Zahn entnommen werden.

Abbildung 29 zeigt das Standvolumenschaubild für Hartmetall P 10 bei einem Spanungsquerschnitt von $a \cdot s_z = 1 \cdot 0,1 \text{ mm}^2$.

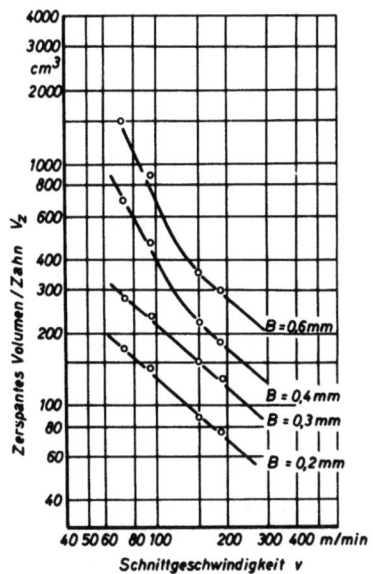

Abbildung 29

Standzeitschaubild für das Fräsen von 37 MnSi 5 mit Hartmetall P 10

$$a \cdot s_z = 1 \cdot 0,1 \text{ mm}^2$$

Bei der Bearbeitung von Hartmetall P 20 (Abb. 30 bis 33) wurde mit Vorschüben von $s_z = 0,25$ mm und $s_z = 0,4$ mm gearbeitet, wobei gleichzeitig auch unterschiedliche Freiwinkel untersucht wurden. Auffallend ist, daß bei einem Spanungsquerschnitt von $a \cdot s = 3 \cdot 0,25$ mm^2 und einem Freiwinkel von $\alpha = 6°$ nur bis zu einer maximalen Verschleißmarkenbreite von B = 0,4 mm gearbeitet werden konnte, während bei Vergrößerung des Freiwinkels auf $\gamma = 12°$ bei gleichzeitiger Verringerung des Spanwinkels eine Verschleißmarkenbreite von 0,6 mm erreicht wurde, ohne daß die Werkzeuge ausbrachen.

Um die Abhängigkeit der Standzeit vom Vorschub bei Fräsmessern mit vergrößertem Freiwinkel zu untersuchen, wurde ein Standvolumenschaubild mit $a \cdot s_z = 3 \cdot 0,16$ mm^2 für $\alpha = 12°$ (Abb. 33) aufgestellt. Im Vergleich zu einem Vorschub/Zahn von $s_z = 0,25$ mm/Z ist eine größere Schneidleistung zu erzielen, jedoch ist bei $s_z = 0,16$ mm/Z ein geringer Kolkverschleiß festzustellen.

Abbildung 34 zeigt das Standvolumenschaubild für das Fräsen unter Schruppbedingungen mit Hartmetall P 30 bei einem Spanungsquerschnitt von $a \cdot s_z = 3 \cdot 0,4$ mm^2 und einem Freiwinkel von $\alpha = 6°$. Mit diesen Hartmetallen konnte bei allen Schnittgeschwindigkeiten bis zu Verschleißmarkenbreiten von B = 1,0 mm gearbeitet werden, ohne daß die Fräsmesser durch Ausbröckelungen beschädigt wurden.

Standzeitschaubilder für das Fräsen von Stahl 37 MnSi 5

mit Hartmetall P 20

Eingriffswinkel $\varepsilon = 56°$

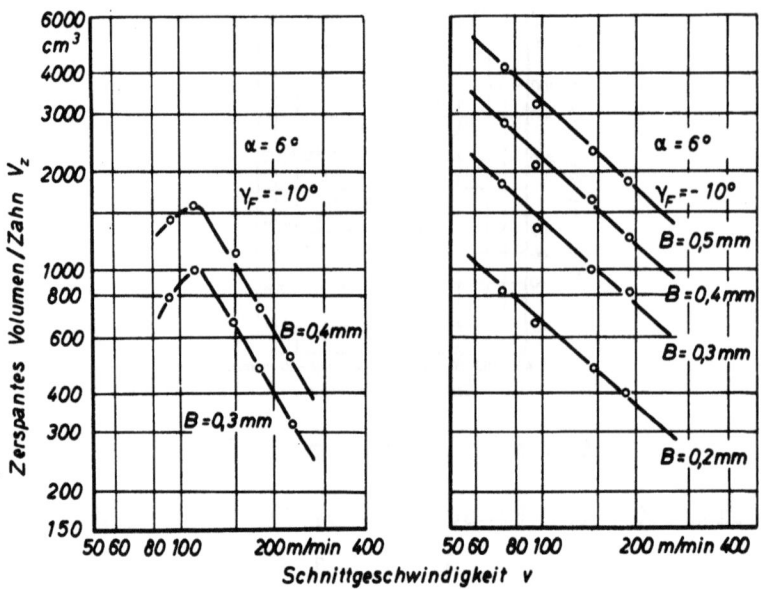

Abbildung 30   Abbildung 31

$a \cdot s_z = 3 \cdot 0{,}25 \text{ mm}^2$ $a \cdot s_z = 3 \cdot 0{,}4 \text{ mm}^2$

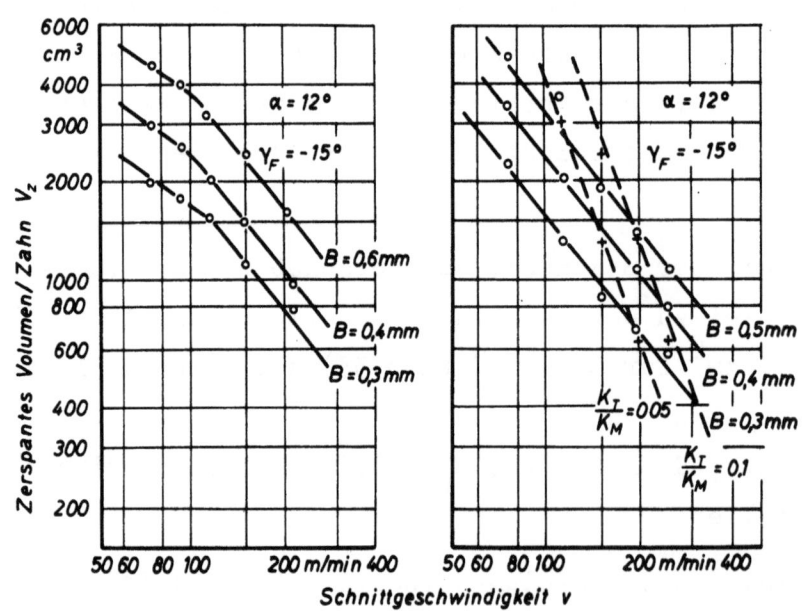

Abbildung 32   Abbildung 33

$a \cdot s_z = 3 \cdot 0{,}25 \text{ mm}^2$ $a \cdot s_z = 3 \cdot 0{,}16 \text{ mm}^2$

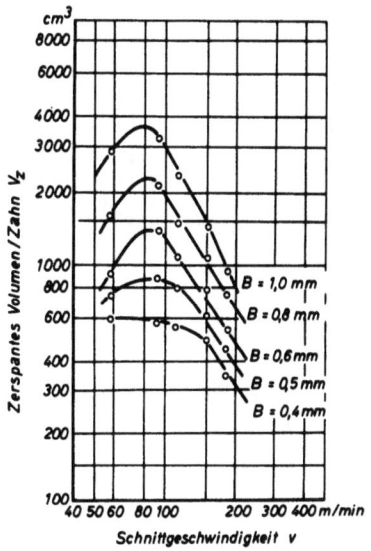

Abbildung 34

Standzeitschaubild für das Fräsen von 37 MnSi 5 mit

Hartmetall P 30

$a \cdot s_z = 3 \cdot 0{,}25 \text{ mm}^2$

5.2 Fräsversuche an Stahl 34 CrMo 4

Die Fräsversuche an diesem Werkstoff wurden unter den gleichen Schnittbedingungen durchgeführt wie bei Stahl 37 MnSi 5, jedoch nur bei einem Freiwinkel von $\alpha = 6°$. Die Ergebnisse der Untersuchungen sind in den Abbildungen 35 bis 39 wiedergegeben. Abbildung 35 zeigt das Standvolumendiagramm für das Fräsen mit Hartmetall P 10 bei einem Spanungsquerschnitt $a \cdot s_z = 1 \cdot 0{,}1 \text{ mm}^2$.

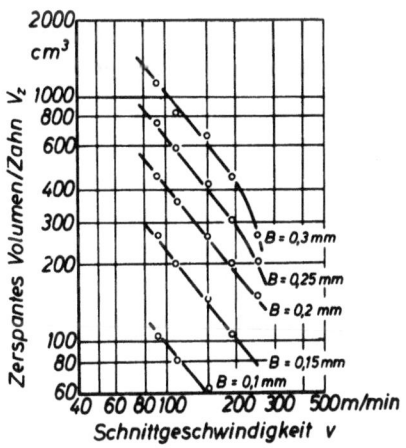

Abbildung 35

Standzeitschaubild für das Fräsen von 34 CrMo 4 mit

Hartmetall P 10

$a \cdot s_z = 1 \cdot 0{,}1 \text{ mm}^2$

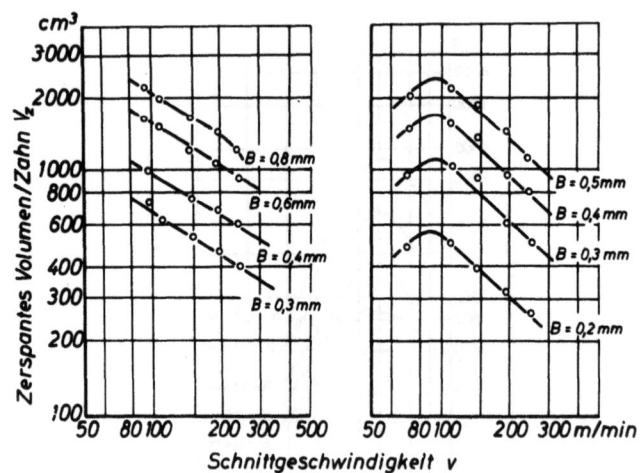

Abbildung 36
$a \cdot s_z = 3 \cdot 0{,}16 \text{ mm}^2$

Abbildung 37
$a \cdot s_z = 3 \cdot 0{,}25 \text{ mm}^2$

Standzeitschaubilder für das Fräsen von 34 CrMo 4 mit Hartmetall P 20

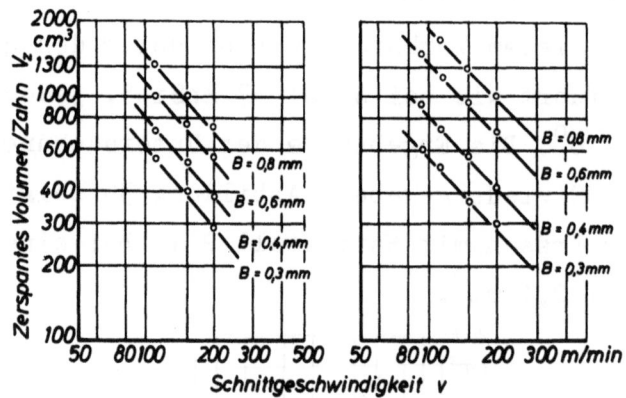

Abbildung 38
$a \cdot s_z = 3 \cdot 0{,}25 \text{ mm}^2$

Abbildung 39
$a \cdot s_z = 3 \cdot 0{,}4 \text{ mm}^2$

Standzeitschaubilder für das Fräsen von 34 CrMo 4 mit Hartmetall P 30

Die Abbildungen 36 und 37 lassen - unter sonst gleichen Bedingungen - einen Vergleich für das Fräsen mit Hartmetallen der Zerspanungsanwendungsgruppe P 20 bei Vorschüben von s_z = 0,16 und 0,25 mm zu. Die Hartmetalle der Gruppe P 30 wurden beim Fräsen mit Spanungsquerschnitten von $a \cdot s_z = 3 \cdot 0{,}25$ bzw. $3 \cdot 0{,}4$ mm² eingesetzt (Abb. 38 und 39). Auch in diesem Fall brachte der größere Vorschub die günstigeren Ergebnisse.

5.3 Fräsversuche an Stahl 30 CrNiMo 8

Wegen der hohen Festigkeit dieses Werkstoffes (σ_B = 76,5 kg/mm^2) wurde für die Versuche an Stahl 30 CrNiMo 8 ein Fasenspanwinkel von γ_F = - 15° gewählt. Es wurde eine große Anzahl von Versuchen durchgeführt, die zeigten, daß dieser Werkstoff im Vergleich zu den übrigen eine wesentlich geringere Fräsbarkeit aufweist. Die in den Abbildungen 42 bis 46 dargestellten Standvolumenschaubilder geben jeweils die maximal erreichbaren Verschleißmarkenbreiten an.

Die Standvolumendiagramme für das Schlichten bei Spanungsquerschnitten a $\cdot$ s_z = 1 $\cdot$ 0,1 bzw. 1 $\cdot$ 0,16 mm^2 mit Hartmetall der Zerspanungsanwendungsgruppe P 10 sind in den Abbildungen 40 und 41 gezeigt. Es ist zu bemerken, daß bei Schnittgeschwindigkeiten von weniger als 110 bzw. 95 m/min die Werkzeugschneiden vorzeitig durch Ausbrüche erlagen. Hieraus ist zu schließen, daß für diese Schnittbedingungen die Hartmetalle der Zerspanungsanwendungsgruppe P 10 nicht sinnvoll einzusetzen sind.

Aus den Standvolumenschaubildern in Abbildung 42 bis 44 ist ersichtlich, daß beim Fräsen mit Hartmetall P 20 unabhängig von der erreichten Verschleißmarkenbreite mit steigendem Vorschub größere Schneidleistungen erzielt werden können. Die Diagramme gelten für Vorschübe von s_z = 0,16; 0,25 und 0,4 mm/Zahn. Wie aus den Abbildungen 42 bis 44 zu ersehen ist, kann mit Hartmetallen der Zerspanungsanwendungsgruppe P 20 auch bei niedrigen Schnittgeschwindigkeiten gefräst werden, ohne daß Schneidenausbrüche auftreten.

Wie bei den Hartmetallen der Gruppe P 20, ist auch aus den Standvolumenschaubildern in Abbildung 45 und 46, die für das Fräsen mit Hartmetall der Zerspanungsanwendungsgruppe P 30 gelten, eine Zunahme der Schneidleistung mit wachsendem Vorschub zu erkennen. Abbildung 45 zeigt für sämtliche Kurven ein Standvolumen-Maximum bei Schnittgeschwindigkeiten um etwa 90 m/min.

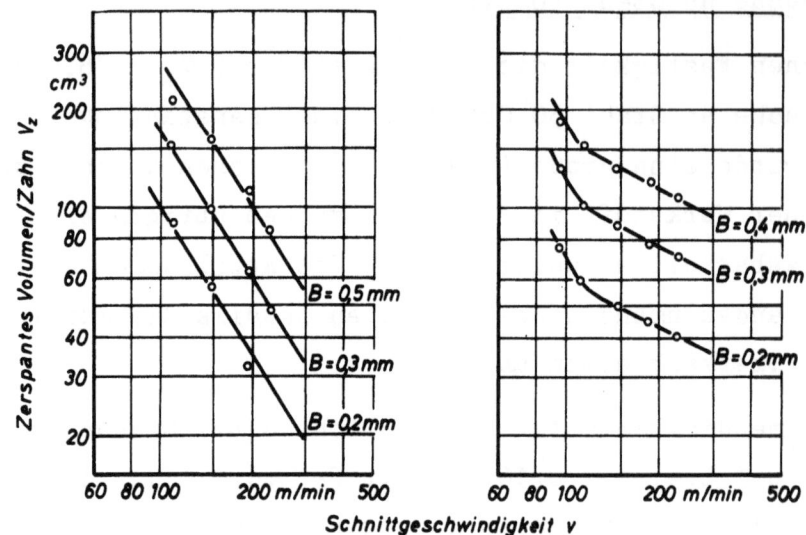

Abbildung 40
$a \times s_z = 1 \times 0{,}1 \text{ mm}^2$

Abbildung 41
$a \times s_z = 1 \times 0{,}16 \text{ mm}^2$

Standzeitschaubilder für das Fräsen von Stahl 30 Cr Ni Mo 8
mit Hartmetall P 10;   Eingriffswinkel $\varepsilon = 56°$

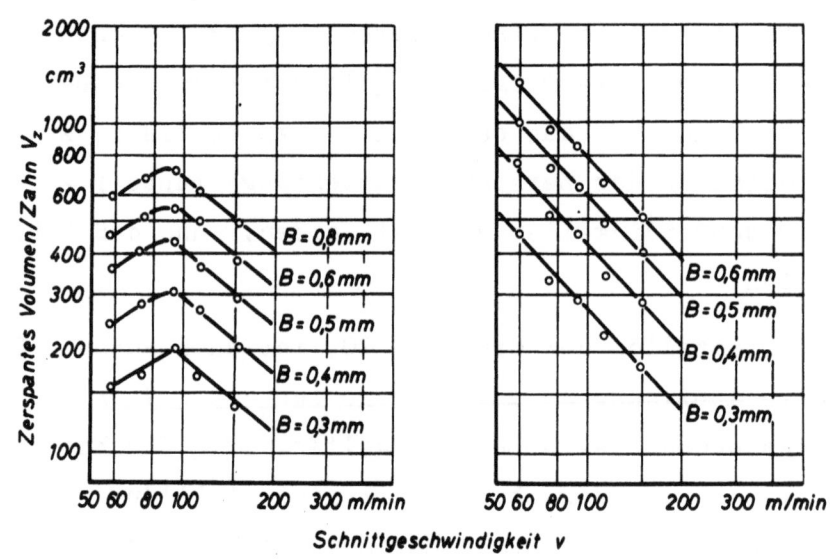

Abbildung 45
$a \times s_z = 3 \times 0{,}25 \text{ mm}^2$

Abbildung 46
$a \times s_z = 3 \times 0{,}4 \text{ mm}^2$

Standzeitschaubilder für das Fräsen von Stahl 30 Cr Ni Mo 8
mit Hartmetall P 30;   Eingriffswinkel $\varepsilon = 56°$

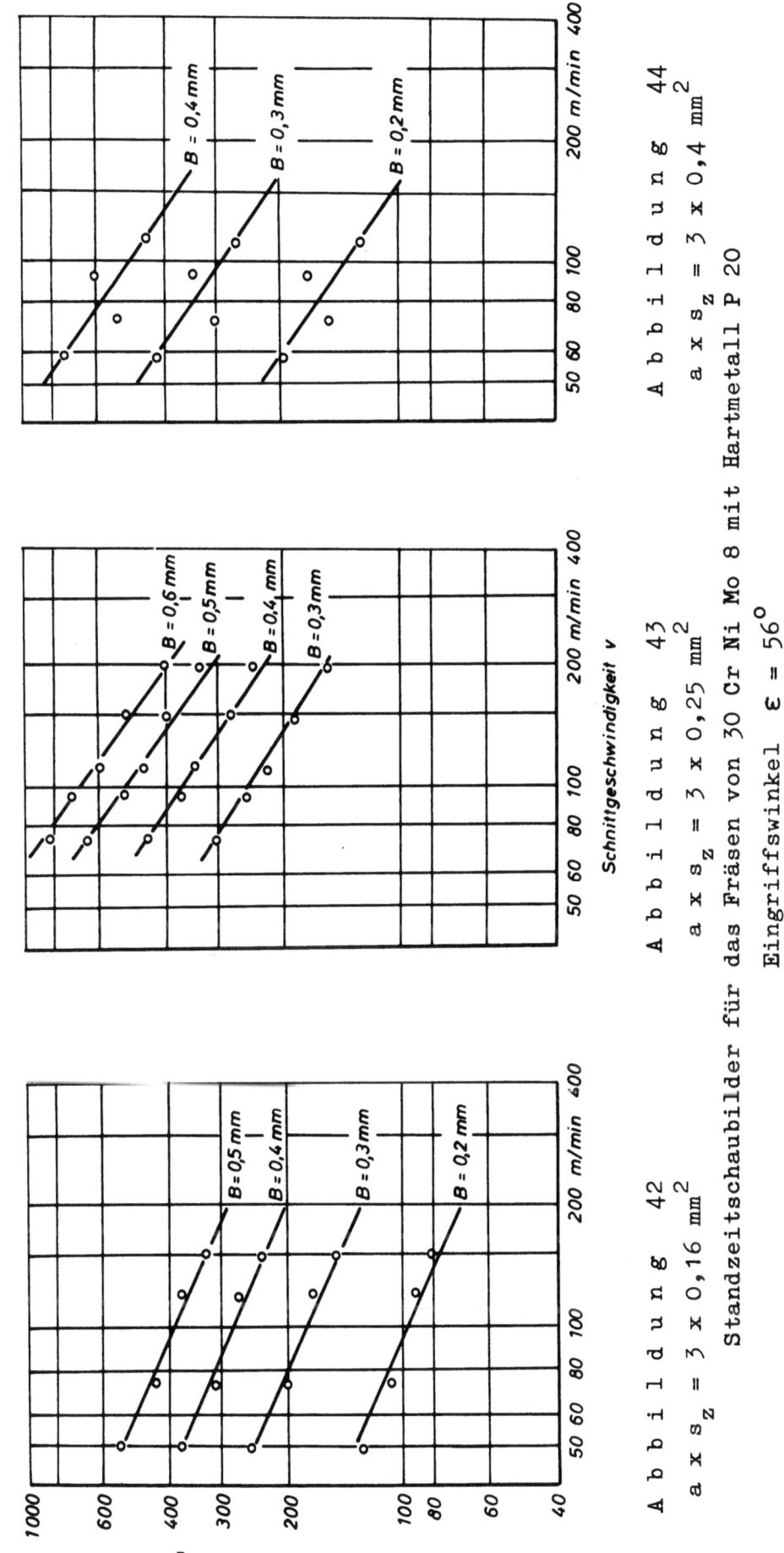

Abbildung 42
$a \times s_z = 3 \times 0,16 \text{ mm}^2$

Abbildung 43
$a \times s_z = 3 \times 0,25 \text{ mm}^2$

Abbildung 44
$a \times s_z = 3 \times 0,4 \text{ mm}^2$

Standzeitschaubilder für das Fräsen von 30 Cr Ni Mo 8 mit Hartmetall P 20
Eingriffswinkel $\varepsilon = 56°$

5.4 Schnittkräfte und Spanstauchung

Zur Bestimmung der erforderlichen Zerspanleistung beim Stirnfräsen mit hartmetallbestückten Messerköpfen müssen die auftretenden Schnittkräfte bekannt sein. Gesetzmäßigkeiten für die Abhängigkeit der Schnittkräfte vom Vorschub und damit von der Spanungsdicke wurden schon frühzeitig empirisch ermittelt. Hierauf wurde bereits im Forschungsbericht Nr. 413 eingegangen.

Für die vorliegenden Versuche wurden die Schnittkraftmessungen auf die Hauptschnittkraft P_1 beschränkt, da diese für die Zerspanleistung nach der Gleichung

$$N = \frac{P_1 \cdot v}{60 \cdot 102} \quad (kW)$$

maßgebend ist. Es hat sich gezeigt, daß für die Schnittkräfte beim Stirnfräsen mit Hartmetall dieselben Gesetzmäßigkeiten gelten, wie sie für das Drehen ermittelt wurden. Im Fließspanbereich ist die Schnittkraft nur geringfügig von der Schnittgeschwindigkeit abhängig, so daß sich im allgemeinen ein Korrekturfaktor für den Schnittgeschwindigkeitseinfluß erübrigt. Von größerem Einfluß ist die Schneidengeometrie, und zwar vornehmlich der Spanwinkel. Pro Grad Spanwinkelverringerung nimmt im allgemeinen die Hauptschnittkraft um etwa 1 % zu.

Die Abbildungen 47 bis 52 zeigen für die untersuchten sechs Stähle die Abhängigkeit der Hauptschnittkraft von der Spanungsdicke und von der Schnittgeschwindigkeit. In allen Fällen ist nur eine geringe Abhängigkeit von der Schnittgeschwindigkeit festzustellen, während die Hauptschnittkraft mit zunehmender Spanungsdicke stark ansteigt. In Tabelle 4 sind für die untersuchten Werkstoffe die Schnittkraftwerte zusammengestellt.

Tabelle 4

Schnittkraftwerte beim Fräsen von sechs Baustählen

Werkstoff	HB kg/mm²	Hauptwert der Hauptschnittkraft $k_{s\,1\cdot1}$	Anstiegswert der Hauptschnittkraft $1-z$
C 35 N	163	165	0,83
Ck 60	225	205	0,85
16 MnCr 5	170	160	0,81
34 CrMo 4	210	185	0,79
37 MnSi 5	207	200	0,88
30 CrNiMo 8	265	230	0,81

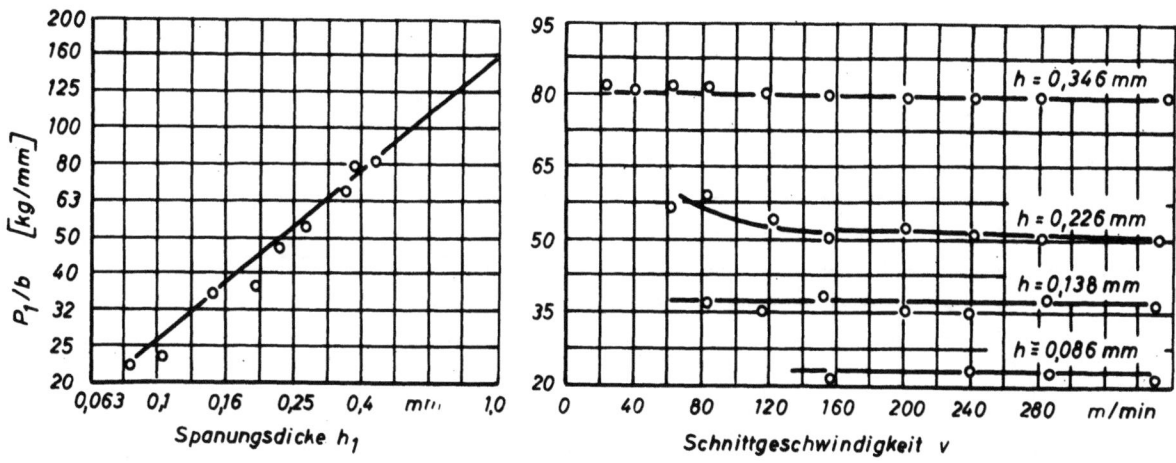

Abbildung 47

Hauptschnittkraft beim Fräsen von Stahl C 35

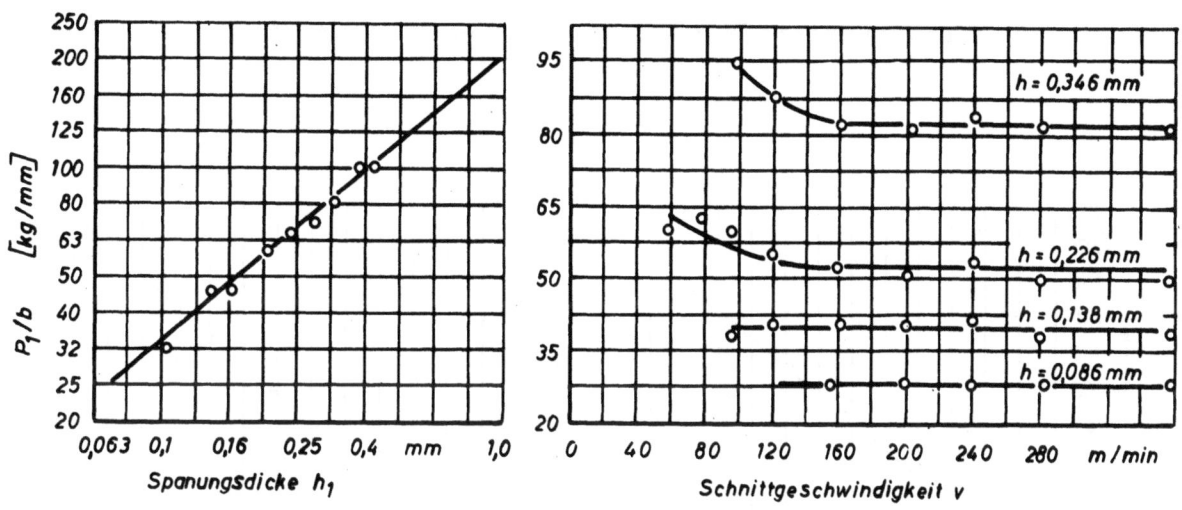

Abbildung 48

Hauptschnittkraft beim Fräsen von Stahl Ck 60

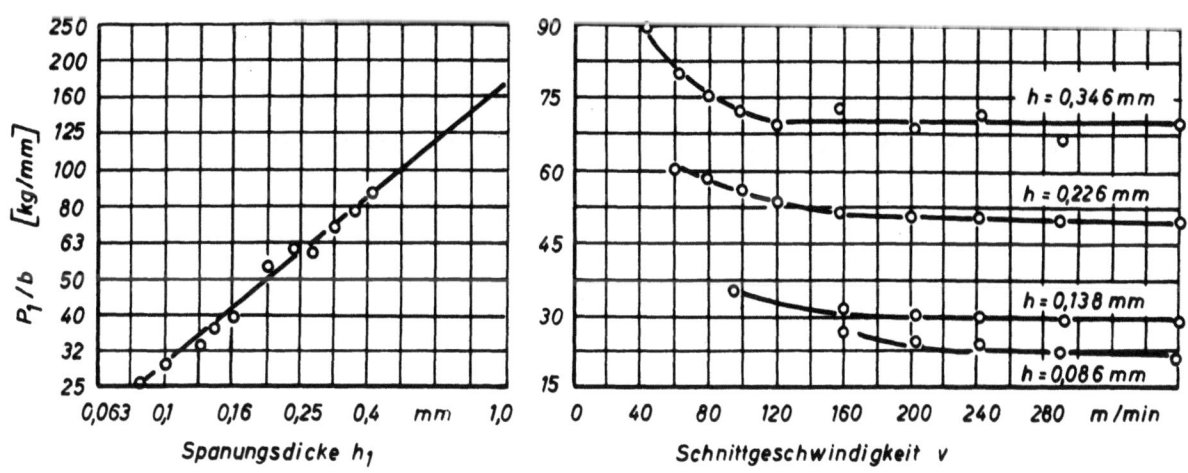

Abbildung 49

Hauptschnittkraft beim Fräsen von Stahl 16 MnCr 5

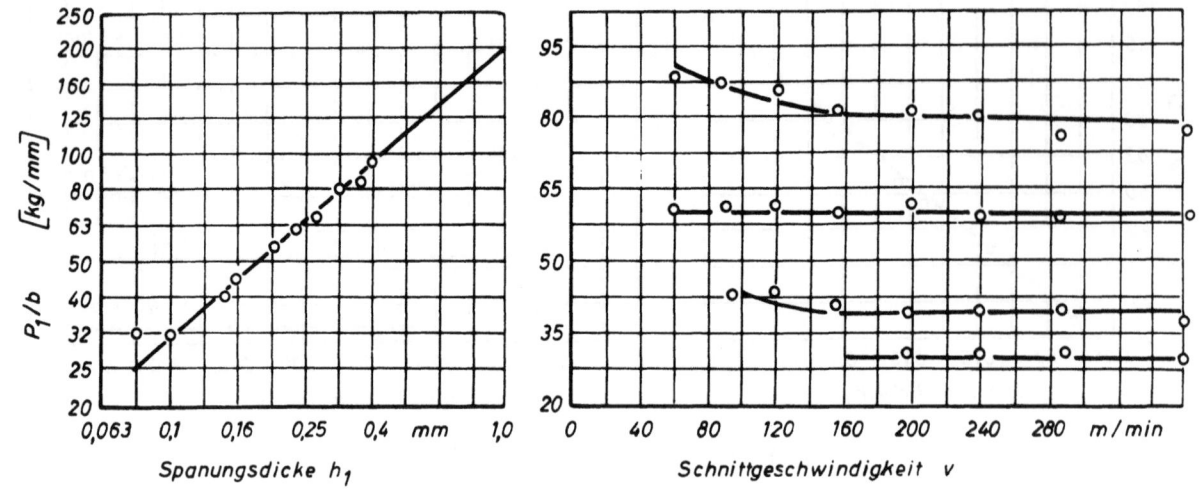

Abbildung 50

Hauptschnittkraft beim Fräsen von Stahl 37 MnSi 5

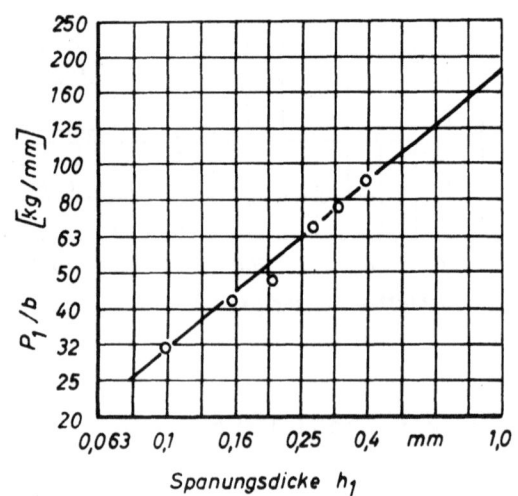 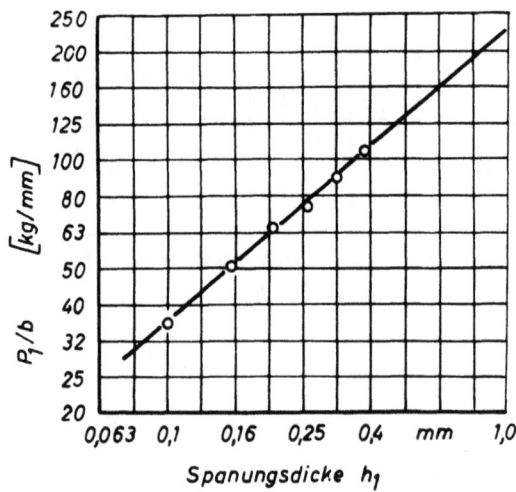

Abbildung 51

Hauptschnittkraft beim Fräsen
von Stahl 34 CrMo 4

Abbildung 52

Hauptschnittkraft beim Fräsen
von Stahl 30 CrNiMo 8

Um zu überprüfen, wie die Hauptschnittkraft beim Stirnfräsen von den im Drehvorgang ermittelten Werten abweicht, wurden an Rundmaterial und Vierkantblöcken, die aus einer Schmelze stammten und der gleichen Wärmebehandlung unterworfen wurden, die Hauptschnittkräfte bei verschiedenen Spanwinkeln ermittelt. In Abbildung 53 sind diese Werte gegenübergestellt.

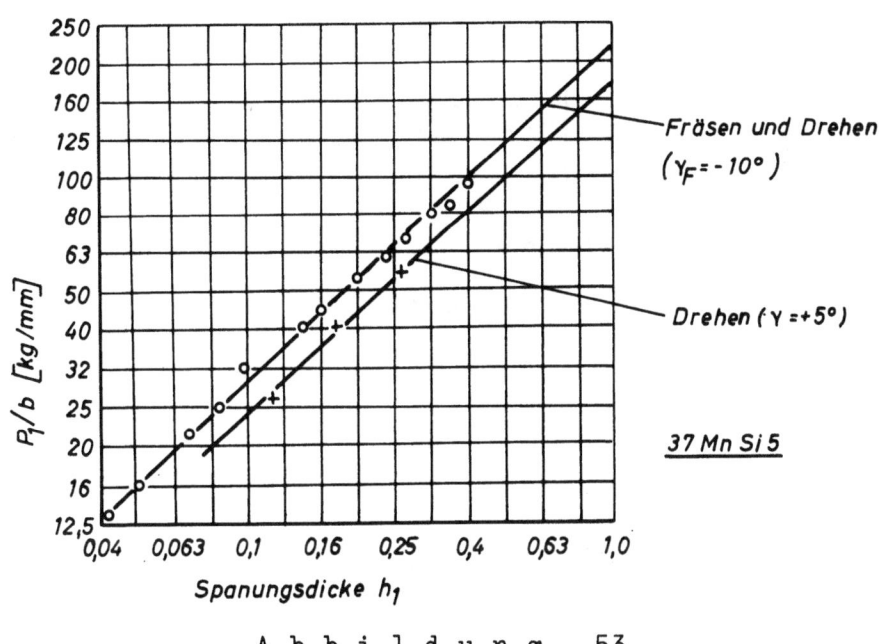

A b b i l d u n g   53

Vergleich der beim Drehen und Fräsen auftretenden Hauptschnittkraft

Es zeigt sich, daß der Anstiegswert für beide Verfahren gleich ist. Bei gleichem Spanwinkel ordnen sich die Schnittkräfte auf einen Kurvenzug ein; sie liegen bei einem positiven Spanwinkel von $5°$ niedriger als bei $\gamma_F = -10°$. Vergleicht man die Hauptwerte der Schnittkraft, so ergibt sich für $+5°$ Spanwinkel ein Hauptwert $k_{s\ 1.1}$ von 175 kg/mm^2 und für einen Spanwinkel von $-10°$ ein Hauptwert $k_{s\ 1.1}$ von 200 kg/mm^2. Durch die Verringerung des Spanwinkels um $15°$ erhöhte sich demnach die Hauptschnittkraft um 15 %; dies entspricht dem obengenannten Wert von 1 % Schnittkraftzunahme bei $1°$ Spanwinkelverminderung. Die Versuche zeigen ferner, daß das Bearbeitungsverfahren die Hauptschnittkraft nicht beeinflußt, so daß für die Berechnung der Fräsleistung ohne weiteres im Drehverfahren ermittelte Kennwerte herangezogen werden können.

Hinsichtlich der Spanstauchung bestätigt sich ebenfalls, daß die für das Drehen ermittelten Abhängigkeiten auch für das Fräsen gelten. Abbildung 54 zeigt die Abhängigkeit der Spanstauchung von der Spanungsdicke für vier der untersuchten Baustähle.

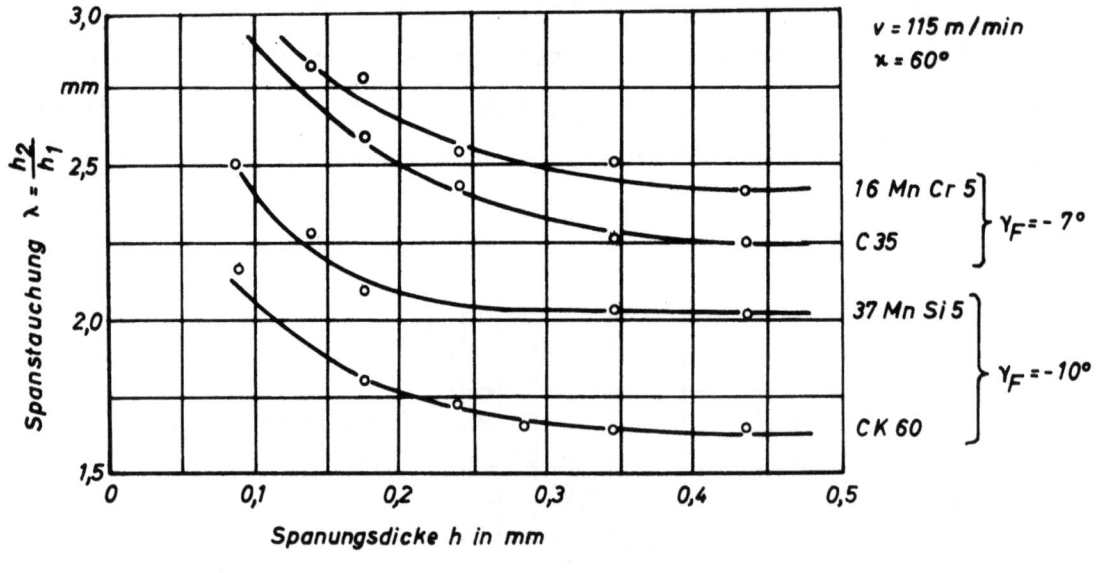

Abbildung 54

Spanstauchung der untersuchten Baustähle

6. Wirtschaftlichkeit des Hartmetalleinsatzes beim Stirnfräsen

6.1 Ermittlung kostengünstiger Schnittbedingungen

Eine wesentliche Voraussetzung für die weitere Verbreitung des Hartmetalleinsatzes beim Stirnfräsen ist neben der Lösung der technischen Probleme der Nachweis der Wirtschaftlichkeit und die Ermittlung kostengünstiger Schnittbedingungen. Im Forschungsbericht Nr. 413 wurden in Anlehnung an Wirtschaftlichkeitsbetrachtungen nach WITTHOFF [8] hierzu Wege aufgezeigt:

Fertigungskosten K_f = zeitproportionale Kosten K_z + (Werkzeugbeschaffungskosten + Werkzeugaufbereitungskosten) K_w

$$K_f = \left[k_F \cdot (t_h + t_n + \frac{t_r}{n_g} + \frac{t_w}{n_{wT}})\right] + \left[\frac{W_a - W_u}{n} + \frac{W_m}{(n_s + 1) \cdot n_{wT}}\right]$$

$$+ \left[k_S \cdot (\frac{t_w}{n_{wT}} + \frac{t_m}{(n_s + 1) \cdot n_{wT}}) + \frac{K_S}{n_{wT}}\right] \quad (1)$$

Die Grundlage für die Wirtschaftlichkeitsrechnung bilden die Standzeitschaubilder, wie sie für die sechs untersuchten Werkstoffe nunmehr vorliegen. Die Standzeitschaubilder lassen bereits die stark unterschiedliche Fräsbarkeit der einzelnen Werkstoffe erkennen. Alle Konstanten, die der Rechnung zugrunde gelegt wurden, enthält Tabelle 5.

Tabelle 5

Konstanten für die Wirtschaftlichkeitsrechnung

Formelzeichen	Erläuterung	konst. Größen
B'	Breite des gefrästen Werkstückes	100 mm
C_L	Steigungsfaktor der Standweg- oder Standvolumenkurven	
D	Messerkopfdurchmesser	250 mm
e	Eilgangeschwindigkeit	2000 mm/min
g_F	Gemeinkostenfaktor der Fräserei	400 %
g_S	Gemeinkostenfaktor der Werkzeugaufbereitung	275 %
k_F	Fertigungskostenfaktor der Fräserei ohne Werkzeuganteil $k_F = \dfrac{L_F}{60}(1 + g_F)$	
k_S	Fertigungskostenfaktor der Werkzeugschleiferei $k_S = \dfrac{L_S}{60}(1 + g_S)$	
K_S	Schleifmittelkosten je Anschliff	HM: 0,40 DM SS: 0,20 DM
K_{Wa}	Anteilige Werkzeugkosten	DM
l	Länge des gefrästen Werkstückes	300 mm
L	Vorschubweg des Werkzeuges = $l + D$	550 mm
L_F	Stundenlohn des Fräsers	2,00 DM/h
L_S	Stundenlohn des Werkzeugschleifers	2,00 DM/h
L_z	Fräslänge je Zahn $L_z = \dfrac{v_z}{a \cdot B'}$	cm
n	Zahl der Werkstücke, die mit einem Werkzeugkörper gefertigt werden können	
n_g	Gesamtstückzahl einer Bearbeitungsoperation	1000 Stück
n_s	Zahl der möglichen Anschliffe je Werkzeug	HM: 15 SS: 20
n_{wT}	Zahl der gefertigten Werkstücke je Standzeit	
R	Rücklaufweg	1000 mm
t_m	Zeit für die Neubestückung eines Messerkopfes	30 min
t_r	Rüstzeit	60 min
t_s	Zeit zum Nachschleifen eines Messerkopfes	HM: 150 min SS: 90 min
t_u	Umspannzeit pro Werkstück	1 min
t_w	Werkzeugwechselzeit	30 min
W_a	Beschaffungswert eines Messerkopfkörpers	700 DM
W_u	Restwert des Messerkopfkörpers	0 DM
W_m	Beschaffungswert eines Messersatzes	HM: 400.- DM SS: 300.- DM

Bei der Betrachtung der ermittelten kostengünstigsten Schnittbedingungen muß man sich darüber im klaren sein, daß sie exakt nur für die angegebenen Verhältnisse gelten. Die betrieblichen Gegebenheiten können sie u.U. stark verschieben.

Abbildung 55 veranschaulicht die Abhängigkeit der Fertigungskosten von der Schnittgeschwindigkeit für die sechs untersuchten Werkstoffe unter

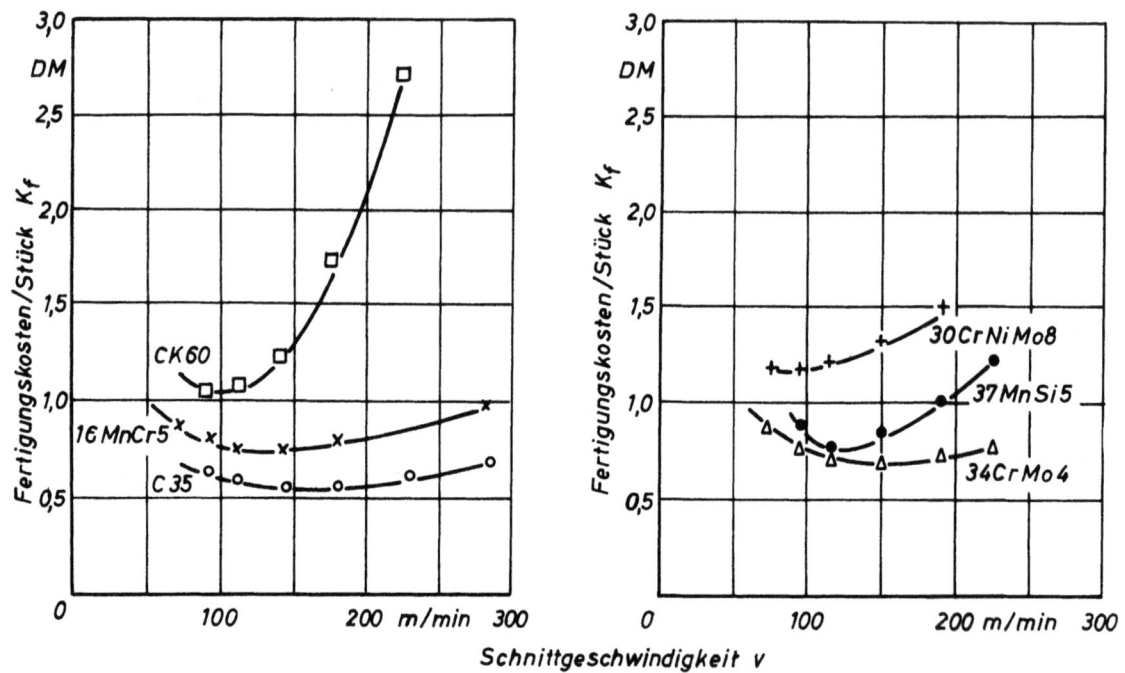

A b b i l d u n g   55

Fertigungskosten / Stück bei gleichen Arbeitsbedingungen
für verschiedene Werkstoffe
(HM P 20; $a \cdot s_z = 3 \cdot 0{,}25 \text{ mm}^2$)

Zugrundelegung der Werte nach Tabelle 5. Ein steiler Verlauf der Kostenkurven mit einem enger begrenzten Kostenminimum bildet sich dabei bei den Werkstoffen aus, für die aus den Standvolumen-Kurven eine stärkere Abhängigkeit des Verschleißes von der Schnittgeschwindigkeit festzustellen ist. Bei den Werkstoffen, bei denen ein geringerer Anstieg der Kurven gegeben ist, verlaufen die Kostenkurven flacher, und der Bereich der kostengünstigen Schnittgeschwindigkeiten wird größer. In Tabelle 6 sind die Ergebnisse zusammengestellt.

<u>T a b e l l e   6</u>

Neigung der Standzeitkurven c_L sowie kostengünstigste Schnittgeschwindigkeitsbereiche für das Fräsen verschiedener Baustähle mit Hartmetall, entsprechend den Bedingungen nach Tabelle 5

$$a \cdot s_z = 3 \cdot 0{,}25 \text{ mm}^2$$

Werkstoff	$\frac{1}{c_L}$	v_o
C 35	- 2,65	140 ... 180 m/min
Ck 60	- 3,25	80 ... 100 m/min
16 MnCr 5	- 1,9	115 ... 140 m/min
34 CrMo 4	- 1,95	120 ... 150 m/min
37 MnSi 5	- 2,7	100 ... 125 m/min
30 CrNiMo 8	- 1,7	70 ... 90 m/min

Auffallend ist, daß der Bereich der kostengünstigen Schnittgeschwindigkeiten bei den meisten Werkstoffen relativ breit ist und daß die Kostenkurven außerdem sehr flach verlaufen. Vielfach wurde angenommen, daß beim Fräsen ein wesentlich steilerer Verlauf der Kostenkurven auftritt. Die in Tabelle 6 mit aufgeführten Standzeitexponenten $\frac{1}{c_L}$ zeigen jedoch, daß die Standzeitkurven beim Fräsen z.T. nur schwach geneigt sind. Alle Kurven verlaufen flacher als in den bisher bekannten Richtwertblättern für das Drehen (u.a. AWF 158) angegeben. WITTHOFF [8] gibt ebenfalls für das Drehen von Stahl größere Werte von c_L (-4 bis - 3,5) an. Dies ist vermutlich darauf zurückzuführen, daß die für Erliegekurven bei der Bearbeitung mit Schnellarbeitsstahl gefundenen Exponenten auf die Verhältnisse bei Hartmetall übertragen wurden, ohne zu berücksichtigen, daß die Standzeitkurven für den Freiflächenverschleiß im allgemeinen flacher verlaufen. Dieses Verhalten wurde bereits von WEBER [2] beim Drehen mit Hartmetall beobachtet und bestätigt sich hier für das Fräsen mit Hartmetall. Eine ähnliche Neigung wie die Erliegekurve mit Schnellarbeitsstahl weisen nur die Kolkstandzeitkurven auf. Da der Kolkverschleiß im untersuchten Bereich zurücktritt, wird das Kostenbild durch den Freiflächenverschleiß bestimmt.

Aus den nach Gleichung (1) ermittelten Kostenkurven (Fertigungskosten/Stück in Abhängigkeit von der Schnittgeschwindigkeit) läßt sich die jeweilige kostengünstigste Schnittgeschwindigkeit v_o bestimmen. Sie kann jedoch auch rechnerisch durch Differentiation dK_f/d_v ermittelt werden. Zu diesem Zweck sind folgende Größen zu substituieren:

$$t_h = \frac{l \cdot \pi \cdot D}{v \cdot s_z} \qquad (2)$$

$$n_{wT} = \frac{L_z}{l} \qquad (3)$$

Aus der Gleichung $L_z^{1/c} \cdot v = k$ folgt für ein bestimmtes L_z an der Stelle v_L

$$v \cdot L_z^{1/c_L} = v_L \cdot L_z^{*\,1/c_L} \quad \text{und hieraus} \qquad (4)$$

$$L_z = \left(\frac{v_L}{v}\right)^{c_L} \cdot L_z^* \qquad (5)$$

Aus Gleichung (3) und (5) findet man

$$n_{wT} = \frac{L_z^*}{l} \cdot \left(\frac{v_L}{v}\right)^{c_L} \qquad (6)$$

Setzt man $\frac{d\,K_F}{dv} = 0$ und bezeichnet die anteiligen Werkzeugkosten je Nachschliff mit $K_{Wa} = k_F \cdot t_w + k_S \cdot (t_s + \frac{t_m}{n_s+1}) + \frac{W_m}{n_s+1} + K_S$,

so ergibt sich für die kostengünstigste Schnittgeschwindigkeit:

$$v_o = \sqrt[c_L+1]{\frac{k_F}{K_{Wa}} \cdot \frac{L \cdot \pi \cdot D}{l \cdot s_z} \cdot \frac{L_z \cdot v_L^{c_L}}{c_L}} \qquad (7)$$

Die Berechnung der kostengünstigsten Schnittgeschwindigkeiten nach Gleichung (7) setzt voraus, daß die Standweggeraden über dem gesamten Geschwindigkeitsbereich geradlinig verlaufen. Bei gekrümmtem Kurvenverlauf müssen die Steigung c_L der Kurven, die Fräslänge L_z und die Schnittgeschwindigkeit v_L etwa an der Stelle v_o berücksichtigt werden. Die kostengünstigste Schnittgeschwindigkeit v_o muß in diesem Fall u.U. durch schrittweise Annäherung ermittelt werden.

6.2 Kostenvergleich für das Stirnfräsen mit Schnellarbeitsstahl und Hartmetall

Es ist allgemein bekannt, daß der Beschaffungswert von Hartmetallwerkzeugen höher liegt als der von Werkzeugen aus Schnellarbeitsstahl. Bei Messerköpfen ist dieser Unterschied zwar geringer, da ein wesentlicher Kostenanteil durch die Fertigungskosten der Einsatzmesser gegeben ist und nicht das Preisverhältnis Schnellarbeitsstahl - Hartmetall allein ausschlaggebend ist.

Für die Aufbereitung der Werkzeuge ergeben sich jedoch z.T. Vorteile für das Werkzeug aus Schnellarbeitsstahl. Die Aufbereitungszeiten sind vielfach kürzer [9], die Nachschliffzahlen höher und die Aufwendungen für Schleifmittel geringer. Diese Tatsache hat vielfach zu der Auffassung geführt, daß der Einsatz von Hartmetall-bestückten Messerköpfen für das Stahlfräsen wirtschaftlich nicht gerechtfertigt werden kann. Um diese Behauptungen zu überprüfen, wurden ergänzende Versuche mit Schnellarbeitsstahlwerkzeugen an Stahl 30 CrNiMo 8 durchgeführt und Standzeitschaubilder ermittelt, wie sie in Abbildung 56 wiedergegeben sind. Die

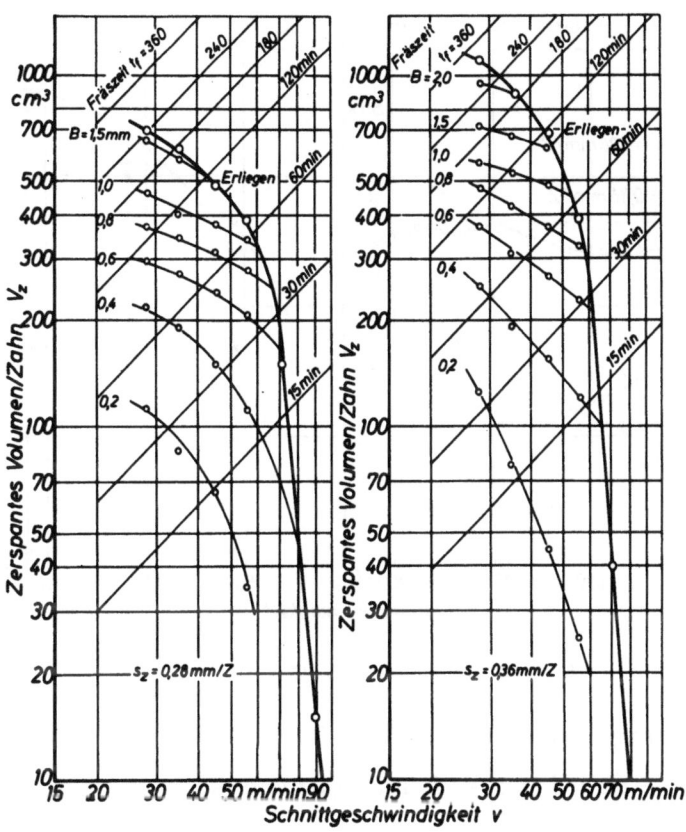

Abbildung 56

Standzeitschaubilder für das Fräsen von Stahl 30 CrNiMo 8 mit Schnellarbeitsstahl

a = 3 mm; Kühlung Emulsion 1 : 60

Versuche wurden dabei bis zum Erliegen der Werkzeuge durch Blankbremsung fortgesetzt, um die absoluten Leistungsgrenzen zu erfassen. Als Endverschleiß wurde der Wirtschaftlichkeitsrechnung jedoch eine Verschleißmarkenbreite von 1 mm zugrunde gelegt. Bei diesem Verschleiß ist die Sicherheit gegeben, daß kein plötzliches Erliegen des Werkzeuges auftritt und außerdem die Güte der bearbeiteten Oberfläche noch ausreichend ist. Um zu einer richtigen Beurteilung der Kostenverhältnisse zu kommen, wurden die unterschiedlichen technologischen Eigenschaften der beiden Schneidstoffe berücksichtigt und bei Schnellarbeitsstahl mit positivem Spanwinkel und mit Kühlmitteln gearbeitet.

Das Ergebnis der Kostenrechnung zeigt Abbildung 57. Im linken Diagramm sind die zeitproportionalen Kosten, die Werkzeugkosten und die Fertigungskosten eingetragen, während das rechte Diagramm Aufschluß über die Zahl der Werkstücke gibt, die in einer Stunde bearbeitet werden können.

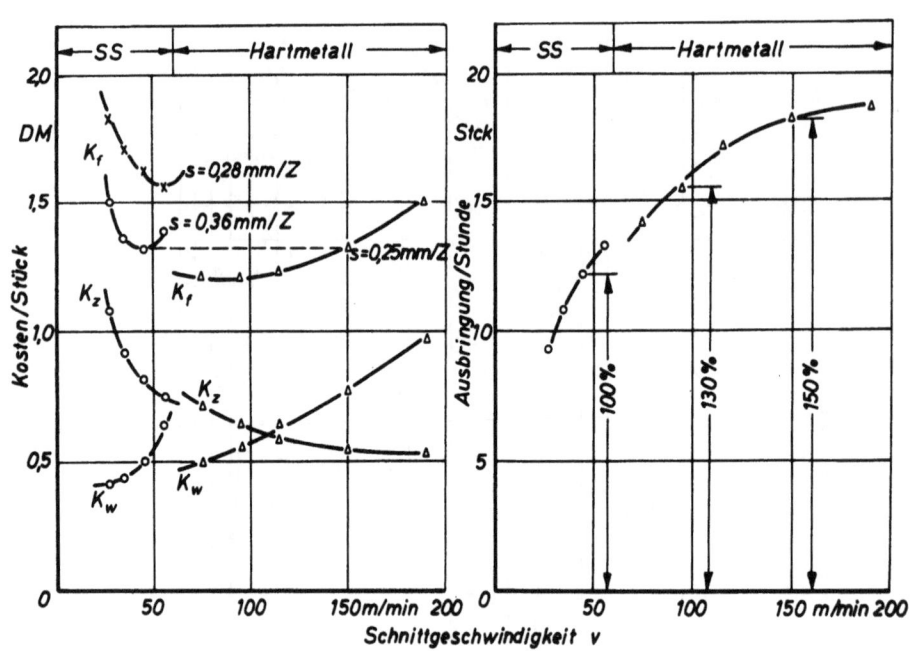

A b b i l d u n g   57

Kosten und Ausbringung beim Fräsen von Stahl 30 CrNiMo 8 mit Schnellarbeitsstahl und Hartmetall

Für Werkzeuge aus Schnellarbeitsstahl bestätigt sich die bekannte Abhängigkeit, daß die Fertigungskosten mit größerem Vorschub abnehmen. Das Kostenminimum wird dabei zu geringeren Schnittgeschwindigkeiten verschoben. Der Bereich kostengünstiger Schnittgeschwindigkeiten ist jedoch stark eingeengt, da die Warmhärte des Schneidstoffes den anwendbaren Schnittgeschwindigkeitsbereich nach oben begrenzt. Wie Abbildung 56 zeigt, fällt die erreichbare Standzeit oberhalb 55 bis 60 m/min Schnittgeschwindigkeit sehr schnell ab.

Für Hartmetall ergibt sich ein wesentlich flacherer Verlauf der Kostenkurve, wobei für den relativ schlecht fräsbaren Stahl 30 CrNiMo 8 das Kostenminimum bei Schnittgeschwindigkeiten von 75 bis 100 m/min liegt.

Es ergeben sich gegenüber Schnellarbeitsstahl geringere Fertigungskosten. Während für die Bearbeitung eines Werkstückes mit Schnellarbeitsstahl unter den kostengünstigsten Bedingungen 1,32 DM aufgewendet werden müssen, kostet die Bearbeitung mit Hartmetall 1,20 DM; die Ersparnis beträgt somit etwa 10 %.

Diese Kostensenkung ist zwar nur gering, es kommt jedoch hinzu, daß die Ausbringung, d.h. die Anzahl der pro Stunde gefertigten Werkstücke, (rechtes Diagramm) hierbei 12,2 Stück/h auf 15,6 Stück/h d.h. um rund 30 % steigt und damit einen Wert erreicht, der mit Schnellarbeitsstahl in keinem Fall zu verwirklichen ist. Kann bei beiden Schneidstoffen mit gleichbleibenden Kosten gearbeitet werden, so kann die Ausbringung durch den Einsatz von Hartmetall noch weiter gesteigert werden. Wie Abbildung 57 erkennen läßt, liegt die kostengleiche Schnittgeschwindigkeit bei 150m/min, wobei eine um etwa 50 % höhere Ausbringung gegenüber Schnellarbeitsstahl erreicht wird. Wegen der relativ schlechten Fräsbarkeit des Versuchswerkstoffes sind die Standzeitwerte für die ermittelten kostengünstigsten Schnittgeschwindigkeiten sehr gering, wie eine Gegenüberstellung in Tabelle 7 zeigt.

<u>T a b e l l e   7</u>

Kostengünstigste Standzeit beim Fräsen mit Schnellarbeitsstahl und Hartmetall

Werkstoff 30 CrNiMo 8

Schneidstoff	Vorschub/Zahn s_z [mm/Z]	Kosteng. Schnittg. v_o [m/min]	Kosteng. Standzeit t_{fo} [min]	Gesamtarbeitszeit bis ein Werkzeugwechsel erforderlich wird
SS	0,28	56	60	165 min = 2 3/4 h
SS	0,36	45	84	235 min = 3,9 h
HM	0,25	94	87	280 min = 4,65 h

Bereits nach einer Fräszeit von 1 bis 1 1/2 Stunden ist das Werkzeug stumpf. Die gesamte Arbeitszeit, nach der ein Werkzeugwechsel erforderlich wird, ist jedoch erheblich länger. Je nach den Arbeitsbedingungen muß das Werkzeug nach 2 1/2 bis 4 1/2 Stunden gewechselt werden, wobei das Hartmetallwerkzeug länger im Schnitt bleiben kann als Werkzeuge aus Schnellarbeitsstahl.

Die Kostenrechnung weist eindeutig nach, daß der Hartmetalleinsatz beim Fräsen von Stahl wirtschaftliche Vorteile erbringt. Die prozentualen Kostenersparnisse sowie die Erhöhung der Ausbringungszahlen sind dabei stark von der vorliegenden Bearbeitungsaufgabe, den betrieblichen Verhältnissen sowie vom bearbeiteten Werkstoff abhängig.

7. Zusammenfassung

Im vorliegenden Bericht wurden die Ergebnisse von Fräsversuchen an den Werkstoffen 34 CrMo 4, 37 MnSi 5 und 30 CrNiMo 8 zusammengefaßt und die Auswertung dieser Ergebnisse in Form von Richtwertblättern beschrieben. Diese Versuche haben darüber hinaus folgende Erkenntnisse über den Verschleiß beim Stirnfräsen mit Hartmetall vermittelt:

Der Freiflächenverschleiß wächst beim Fräsen zunächst degressiv, um später oberhalb bestimmter Verschleißgrößen proportional mit dem Volumen zuzunehmen. Es ist daher nicht möglich, von kleinen Verschleißwerten auf das absolute Standzeitende zu schließen. Die Wachstumgeschwindigkeit des Freiflächenverschleißes wird wesentlich durch die Schnittgeschwindigkeit und den Vorschub bestimmt. In doppelt-logarithmischer Darstellung ergeben sich für konstante Verschleißgrößen Standzeitkurven, die ebenso wie beim Drehen in weiten Grenzen geradlinig verlaufen. Zur Festlegung geeigneter Schnittbedingungen erscheint eine volumenmäßige Betrachtung zweckmäßiger als eine zeitmäßige.

Beim Stirnfräsen tritt der Kolkverschleiß, abgesehen von sehr hohen Schnittgeschwindigkeiten, gegenüber dem Freiflächenverschleiß zurück. Die vom Drehen her bekannte Gesetzmäßigkeit einer linearen Zunahme des Kolkverschleißes mit dem Volumen bestätigt sich beim Fräsen. Die Kontaktzone ist dabei, bedingt durch die Schnittverhältnisse, wesentlich schmaler als beim Drehen. Wegen der stoßartigen Belastung beim Fräsen kann nur ein geringerer Kolkverschleiß als beim Drehen zugelassen werden, da sonst ein Ausbrechen der Werkzeuge eintreten kann. Die maximal zulässige Keilwinkelverringerung beträgt etwa $12°$ entsprechend einem Kolkverhältnis $K = 0,2$.

Um zu möglichst optimalen Arbeitsbedingungen zu kommen, wurde untersucht, ob durch eine veränderte Schneidengeometrie Standzeitverbesserungen möglich sind. Es zeigte sich, daß durch Vergrößerung des Freiwinkels das Standvolumen auf etwa den doppelten Betrag erhöht werden kann, wenn anstelle der bisher üblichen Freiwinkel von $6°$ ein Freiwinkel von etwa $12°$

angewendet wird. Größere Freiwinkel führen zu einem vorzeitigen Ausbrechen der Werkzeuge. Die günstigsten Ergebnisse werden erzielt, wenn der Freiwinkel und der Fasenspanwinkel aufeinander abgestimmt werden. Betriebsuntersuchungen bestätigen dieses Ergebnis, zeigen jedoch gleichzeitig die Grenzen für ein derartiges Vorgehen auf.

Beim Fräsen ist gegenüber dem Drehen ein wesentlich schnelleres Verschleißwachstum bei vergleichbaren Schnittbedingungen festzustellen. Dies ist nur zu einem geringen Teil auf die Anwendung negativer Spanwinkel zurückzuführen. Wesentlich stärker wirken sich die verfahrensbedingten Schnittunterbrechungen aus. Aufgrund der neueren Vorstellungen über den Verschleiß ist zu schließen, daß Verschweißungen, welche zwischen dem Schneidstoff und dem Werkstückstoff auftreten, bei jeder Schnittunterbrechung abreißen und dabei Schneidstoffteilchen in stärkerem Maße als beim ununterbrochenen Schnitt mitgerissen werden. Versuche, die bei verschiedenen Werkstückbreiten durchgeführt wurden, bestätigen, daß ein Zusammenhang zwischen der Anschnittzahl und dem Anwachsen des Freiflächenverschleißes besteht.

Anhand einer Wirtschaftlichkeitsrechnung werden die kostengünstigsten Schnittbedingungen für die sechs untersuchten Werkstoffe angegeben. Weiterhin konnte gezeigt werden, daß durch den Einsatz von Hartmetall beim Stirnfräsen von Stahl anstelle von Schnellarbeitsstahl die Fertigungskosten gesenkt werden können.

                                        Prof. Dr.-Ing. Herwart Opitz
                                        Dr.-Ing. Henning Siebel
                                        Dipl.-Ing. Reinhard Fleck
                                        Dipl.-Ing. Franz Altdorf

Literaturverzeichnis

[1] PIEKENBRINK, R.　　　Kräfte und Eingriffsverhältnisse beim
　　　　　　　　　　　　Stirn- und Walzenfräser
　　　　　　　　　　　　Diss. T.H. Aachen, 1956

[2] WEBER, G.　　　　　　Die Beziehungen zwischen Spanentstehung,
　　　　　　　　　　　　Verschleißformen und Zerspanbarkeit beim
　　　　　　　　　　　　Drehen von Stahl
　　　　　　　　　　　　Diss. T.H. Aachen, 1954
　　　　　　　　　　　　s.auch Ind.Anz. 4.9.1953, S.906 bis 914,
　　　　　　　　　　　　und Ind.Anz. 7.6.1955, S.619 bis 624

[3] GRUDOW, P.P.,　　　　Schlagzahnfräsen
　　S.I. WOLKOW und　　　VEB-Verlag Technik, Berlin 1954
　　W.M. WOROBJEW

[4] FRÖHLICH, K.H.　　　Beitrag zur Frage des Standzeitverhaltens
　　　　　　　　　　　　beim Stirnfräsen von Stahl mit Hartmetall
　　　　　　　　　　　　Ind.Anz. 7.6.1955, S.624 bis 627

[5] AXER, H.　　　　　　Über die Ursachen des Verschleißes an
　　　　　　　　　　　　Hartmetall-Drehwerkzeugen
　　　　　　　　　　　　Diss. T.H. Aachen, 1956
　　　　　　　　　　　　s.auch Ind.Anz. 7.6.1955, S.610 bis 614

[6] OSTERMANN, G.　　　Beobachtungen über den Verschleiß bei
　　　　　　　　　　　　Hartmetallwerkzeugen
　　　　　　　　　　　　Ind.Anz. 1958, 7.2.1958, S.141 bis 144

[7] MERCHANT, M.E.,　　Radioactive Cutting Tools for Rapid Tool
　　H. ERNST und　　　　Life Testing
　　E.J. KRABACHER　　　Transactions of the ASME, Mai 1953

[8] WITTHOFF, J.　　　　Die Ermittlung der günstigsten Arbeitsbe-
　　　　　　　　　　　　dingungen bei der spanabhebenden Formgebung
　　　　　　　　　　　　Werkstatt und Betrieb, 1952, H.10, S.521
　　　　　　　　　　　　bis 526

[9] BURMESTER, H.J.　　Der Einsatz von Hartmetallwerkzeugen beim
　　　　　　　　　　　　Stirnfräsen von Stahl
　　　　　　　　　　　　Werkstatt und Betrieb, 1953, Heft 10,
　　　　　　　　　　　　S.577 bis 583

FORSCHUNGSBERICHTE DES LANDES NORDRHEIN-WESTFALEN

Herausgegeben durch das Kultusministerium

MASCHINENBAU

HEFT 45
Losenhausenwerk Düsseldorfer Maschinenbau AG., Düsseldorf
Untersuchungen von störenden Einflüssen auf die Lastgrenzenanzeige von Dauerschwingprüfmaschinen
1953, 36 Seiten, 11 Abb., 3 Tabellen, DM 7,25

HEFT 77
Meteor Apparatebau Paul Schmeck GmbH., Siegen
Entwicklung von Leuchtstoffröhren hoher Leistung
1954, 46 Seiten, 12 Abb., 2 Tabellen, DM 9,15

HEFT 100
Prof. Dr.-Ing. H. Opitz, Aachen
Untersuchungen von elektrischen Antrieben, Steuerungen und Regelungen an Werkzeugmaschinen
1955, 166 Seiten, 71 Abb., 3 Tabellen, DM 31,30

HEFT 136
Dipl.-Phys. P. Pilz, Remscheid
Über spezielle Probleme der Zerkleinerungstechnik von Weichstoffen
1955, 58 Seiten, 19 Abb., 2 Tabellen, DM 11,50

HEFT 147
Dr.-Ing. W. Rudisch, Unna
Untersuchung einer drehelastischen Elektromagnet-Synchronkupplung
1955, 82 Seiten, 65 Abb., DM 17,70

HEFT 183
Dr. W. Bornheim, Köln
Entwicklungsarbeiten an Flaschen- und Ampullen-Behandlungsmaschinen für die pharmazeutische Industrie
1956, 48 Seiten, 24 Abb., DM 11,70

HEFT 212
Dipl.-Ing. H. Spodig, Selm
Untersuchung zur Anwendung der Dauermagnete in der Technik
1955, 44 Seiten, 25 Abb., DM 9,80

HEFT 295
Prof. Dr.-Ing. H. Opitz und Dipl.-Ing. H. Axer, Aachen
Untersuchung und Weiterentwicklung neuartiger elektrischer Bearbeitungsverfahren
1956, 42 Seiten, 27 Abb., DM 10,30

HEFT 298
Prof. Dr.-Ing. E. Oehler, Aachen
Untersuchung von kritischen Drehzahlen, die durch Kreiselmomente verursacht werden
1956, 50 Seiten, 35 Abb., DM 13,15

HEFT 384
Prof. Dr.-Ing. H. Opitz, Aachen
Schwingungsuntersuchungen an Werkzeugmaschinen
1958, 66 Seiten, 73 Abb., DM 20,40

HEFT 412
Prof. Dr.-Ing. H. Opitz, Aachen
Kennwerte und Leistungsbedarf für Werkzeugmaschinengetriebe
1958, 72 Seiten, 35 Abb., DM 17,20

HEFT 506
Prof. Dr.-Ing. W. Meyer zur Capellen, Aachen
Der Flächeninhalt von Koppelkurven. Ein Beitrag zu ihrem Formenwandel
1958, 74 Seiten, 26 Abb., DM 21,50

HEFT 533
Prof. Dr.-Ing. H. Opitz und Dipl.-Ing. W. Hölken, Aachen
Untersuchung von Ratterschwingungen an Drehbänken
1958, 70 Seiten, 44 Abb., 2 Tabellen, DM 19,70

HEFT 606
Oberbaurat Prof. Dr.-Ing. W. Meyer zur Capellen, Aachen
Eine Getriebegruppe mit stationärem Geschwindigkeitsverlauf
1958, 34 Seiten, 21 Abb., DM 10,50

HEFT 631
Dr. E. Wedekind, Krefeld
Der Einfluß der Automatisierung auf die Struktur der Maschinen- und Arbeiterzeiten am mehrstelligen Arbeitsplatz in der Textilindustrie
1958, 72 Seiten, 32 Abb., 8 Tabellen, DM 21,10

HEFT 667
Prof. Dr.-Ing. H. Opitz und Dipl.-Ing. H. de Jong, Aachen
Schwingungs- und Geräuschuntersuchung an ortsfesten Getrieben
1959, 32 Seiten, 28 Abb., 2 Tabellen, DM 10,30

HEFT 668
Prof. Dr.-Ing. H. Opitz, Dipl.-Ing. G. Ostermann und Dipl.-Ing. M. Gappisch, Aachen
Beobachtungen über den Verschleiß an Hartmetallwerkzeugen
1958, 38 Seiten, 26 Abb., DM 12,—

HEFT 669
Prof. Dr.-Ing. H. Opitz, Dipl.-Ing. H. Uhrmeister und Dipl.-Ing. K. Jüstel, Aachen
Aufbau und Wirkungsweise einer Magnetbandsteuerung
1958, 50 Seiten, 39 Abb., DM 15,—

HEFT 670
Prof. Dr.-Ing. H. Opitz und Dipl.-Ing. W. Backé, Aachen
Untersuchung von Kopiersteuerungen
1959, 70 Seiten, 54 Abb., DM 18,80

HEFT 671
Prof. Dr.-Ing. H. Opitz, Dr.-Ing. R. Piekenbrink und Dipl.-Ing. K. Honrath, Aachen
Untersuchungen an Werkzeugmaschinenelementen
1959, 70 Seiten, 71 Abb., DM 20,—

HEFT 672
Prof. Dr.-Ing. H. Opitz, Dipl.-Ing. H. Heiermann und Dipl.-Ing. B. Rupprecht, Aachen
Untersuchungen beim Innenrundschleifen
1959, 34 Seiten, 50 Abb., DM 11,50

HEFT 673
Prof. Dr.-Ing. H. Opitz, Dipl.-Ing. H. Obrig und Dipl.-Ing. K. Ganser, Aachen
Die Bearbeitung von Werkzeugstoffen durch funkenerosives Senken
1959, 60 Seiten, 41 Abb., 1 Tabelle, DM 18,—

HEFT 676
Prof. Dr.-Ing. W. Meyer zur Capellen, Aachen
Harmonische Analyse bei Kurbeltrieben.
I. Allgemeine Zusammenhänge
1959, 38 Seiten. 10 Abb., DM 11,50

HEFT 695
Dr.-Ing. W. Herding, München
Die Fahrdynamik und das Arbeitsspiel gleisloser Erdbaugeräte als Kalkulationsgrundlage für die Bodenförderung und ihre Kosten
1960, 178 Seiten, 89 Abb., 18 Tabellen, DM 49,—

HEFT 718
Prof. Dr.-Ing. W. Meyer zur Capellen, Aachen
Die geschränkte Kurbelschleife
I. Die Bewegungsverhältnisse
1959, 110 Seiten, 54 Abb., DM 29,20

HEFT 764
Prof. Dr.-Ing. H. Opitz, Dr.-Ing. H. Siebel und Dipl.-Ing. R. Fleck, Aachen
Keramische Schneidstoffe
1959, 30 Seiten, 18 Abb., DM 9,80

HEFT 772
Prof. Dr.-Ing. W. Meyer zur Capellen
Nomogramme zur geneigten Sinuslinie
1959, 28 Seiten, 11 Abb., DM 8,50

HEFT 775
Prof. Dr.-Ing. H. Opitz
Automatische Erfassung der Maßabweichung der Werkstücke zum Zweck der selbständigen Korrektur der Maschine
1959, 38 Seiten, 27 Abb., DM 11,40

HEFT 777
Prof. Dr.-Ing. H. Opitz und Dipl.-Ing. P.-H. Brammertz, Aachen
Werkstückgüte und Fertigkeitskosten beim Innen-Feindrehen und Außenrund-Einsteckschleifen
1959, 92 Seiten, 68 Abb., DM 25,30

HEFT 788
Prof. Dr.-Ing. Herwart Opitz, Aachen
Der Einsatz radioaktiver Isotope bei Zerspannungsuntersuchungen *1959, 36 Seiten, 23 Abb., DM 11,30*

HEFT 794
Dipl.-Ing. Reinhard Wilken, Düsseldorf
Das Biegen von Innenborden mit Stempeln
1959, 82 Seiten, DM 22,40

HEFT 801
Baurat Dipl.-Ing. Gesell, Duisburg
Ersatz von Quarzsand als Strahlmittel
1960, 66 Seiten, 12 Abb., 4 Tabellen, 17 Diagramme, DM 18,90

HEFT 803
Prof. Dr.-Ing. W. Meyer zur Capellen und Dipl.-Ing. E. Lenk, Aachen
Harmonische Analyse bei Kurbeltrieben. Teil II: Gleichschenklige Getriebe
1960, 69 Seiten, 15 Abb., DM 18,40

HEFT 804
Prof. Dr.-Ing. W. Meyer zur Capellen und Dipl.-Ing. W. Rath, Aachen
Die geschränkte Kurbelschleife. Teil II: Die Harmonische Analyse
1960, 66 Seiten, 14 Abb., DM 18,90

HEFT 806
Prof. Dr.-Ing. H. Opitz u. a., Aachen
Untersuchungen von Zahnradgetrieben und Zahnradbearbeitungsmaschinen
1960, 95 Seiten, 81 Abb., DM 29,30

HEFT 809
Prof. Dr.-Ing. H. Opitz und Dipl.-Ing. H. H. Herold, Aachen
Untersuchung von elektro-mechanischen Schaltelementen
1960, 35 Seiten, 16 Abb., DM 11,—

HEFT 810
Prof. Dr.-Ing. H. Opitz und Dr.-Ing. N. Maas, Aachen
Das dynamische Verhalten von Lastschaltgetrieben
1960, 97 Seiten, 77 Abb., DM 29,50

HEFT 811
*Prof. Dr.-Ing. H. Opitz und Dipl.-Ing. H. Bürklin, Aachen
Fa. Schoppe & Faeser, Minden, bearbeitet im Auftrage des Forschungsinstitutes für Rationalisierung in Aachen*
Über Weggeber für automatisch gesteuerte Arbeitsmaschinen

HEFT 820
Prof. Dr.-Ing. H. Opitz, Dipl.-Ing. H. Rohde und Dipl.-Ing. W. König, Aachen
Untersuchungen der Spanformung durch Spanbrecher beim Drehen mit Hartmetallwerkzeugen
1960, 35 Seiten, 16 Abb., DM 15,80

HEFT 830
Prof. Dr.-Ing. H. Opitz und Dipl.-Ing. W. Backé, Aachen
Automatisierung des Arbeitsablaufes in der spanabhebenden Fertigung

HEFT 831
Prof. Dr.-Ing. H. Opitz, Dr.-Ing. H.-G. Rohs und Dr.-Ing. G. Stute, Aachen
Statistische Untersuchungen über die Ausnutzung von Werkzeugmaschinen in der Einzel- und Massenfertigung
1960, 38 Seiten, 32 Abb., DM 13,—

HEFT 864
Prof. Dr.-Ing. H. Opitz, Aachen
Funkenarbeit und Bearbeitungsergebnis bei der funkenerosiven Bearbeitung
1960, 44 Seiten. 19 Abb., DM 13,10

HEFT 873
*Prof. Dr.-Ing. W. Meyer zur Capellen und
Dipl.-Ing. W. Rath, Aachen*
Kinematik der sphärischen Schubkurbel
1960, 38 Seiten, 13 Abb., DM 11,20

HEFT 887
Baurat Dipl.-Ing. W. Gesell, Duisburg
Arbeiten mit Preß-Formmaschinen unter Normal-Bedingungen und bei hohen spezifischen Preßdrucken

HEFT 898
Prof. Dr.-Ing. H. Opitz und H. de Jong, Aachen
Untersuchung von Zahnradgetrieben und Zahnradbearbeitungsmaschinen in Zusammenarbeit mit der Industrie

HEFT 900
Prof. Dr.-Ing. H. Opitz und Dr.-Ing. J. Bielefeld, Aachen
Automatisierung der Werkzeugmaschine für die spanabhebende Bearbeitung

HEFT 901
*Prof. Dr.-Ing. H. Opitz, Dr.-Ing. J. Bielefeld und
Dipl.-Ing. W. Kalkert, Aachen*
Lebensdauerprüfung von Zahnradgetrieben

Ein Gesamtverzeichnis der Forschungsberichte, die folgende Gebiete umfassen, kann bei Bedarf vom Verlag angefordert werden:

Acetylen / Schweißtechnik – Arbeitspsychologie und -wissenschaft – Bau / Steine / Erden – Bergbau – Biologie – Chemie – Eisenverarbeitende Industrie – Elektrotechnik / Optik – Fahrzeugbau / Gasmotoren – Farbe / Papier / Photographie – Fertigung – Gaswirtschaft – Hüttenwesen / Werkstoffkunde – Luftfahrt / Flugwissenschaften – Maschinenbau – Medizin / Pharmakologie / Physiologie – NE-Metalle – Physik – Schall / Ultraschall – Schiffahrt – Textiltechnik / Faserforschung / Wäschereiforschung – Turbinen – Verkehr – Wirtschaftswissenschaften.

If you have any concerns about our products,
you can contact us on
ProductSafety@springernature.com

In case Publisher is established outside the EU,
the EU authorized representative is:
**Springer Nature Customer Service Center GmbH
Europaplatz 3, 69115 Heidelberg, Germany**

Printed by Libri Plureos GmbH
in Hamburg, Germany